JN126734

電卓計算
直前模試

目次

答案記入上の注意　－審査(採点)基準－

電卓計算能力検定試験の答案審査(採点)は、次の基準にしたがって行われます。下記をよく読み、正しい答案記入方法を身に付けましょう。

❶ 答案審査にあたって、次の各項に該当するものは無効とする。

(1) 1つの数字が他の数字に読めたり、数字が判読できないもの。

(2) 整数部分の4桁以上に3位ごとのカンマ「,」のないもの。

(3) 整数未満に小数点「.」のないもの。

(4) カンマ「,」や小数点「.」を上の方につけたり、区別のつかないもの。

(5) カンマ「,」や小数点「.」と数字が重なっていたり、数字と数字の間にないもの。

(6) 小数点「.」をマル「。」と書いたもの。

(7) 無名数の答に円「¥」等を書いてあるもの。

　　ただし、名数のときは円「¥」等を書いても、書かなくても正解とする。

(8) 所定の欄に答を書いていないもの。ただし、欄外に訂正し、番号または矢印を添えてあるものは有効とする。

　　所定欄：見取算・伝票算は枠で囲まれた部分、乗算・除算・複合算は等号「＝」より右側枠内。答が所定欄からはみ出したときは、その答の半分以内であれば有効とする。

(9) 答の一部を訂正したもの。(消しゴムで元の数字を完全に消して、書き改めたものは有効とする。)

(10) 所定の欄にあらかじめ印刷してある番号を訂正したり、入れ替えたりしたもの。

(11) 答を縦に書いてあったり、小数部分を小さく書いたり、2行以上に書いてあるもの。

(12) 所定の欄に2つ以上の答が書いてあるもの。

❷ 答案記入上の例示

(1) 数字の訂正

【表示部】

```
              1,234.567          1,234.567
            +,233.567 (○)      +,233.567 (○)

                    4
            1,233.567 (×)      1,234\.567 (×)

            1,234.             1,234.
            +,233.567 (×)      +,234.567 (×)
```

(2) 端数処理した答 (小数第3位未満の端数を四捨五入)

【表示部】

0.370 (○)　　0.37 (○)　　.370 (○)　　.37 (○)

【表示部】

2.300 (○)　　2.3 (○)　　2.30 (×)

数字の練習

検定試験では制限時間があるため、答を少しでも速く書こうとするあまり、数字が汚くなりがちです。また、電卓ではカンマが数字の上方に表示されますが、正しくは数字の下方に記入しなければなりません。正しい数字の記入の仕方を身に付け、検定試験に臨みましょう。

● 下記の表示部を見て、記入欄A、Bに数字を記入しましょう。

・記入欄Aに記入する際には、枠の中に収まるように記入しましょう。なお、枠の中の太い区切り線(｜)は、整数位を表しています。

・記入欄Bに記入する際には、バランスを考えて丁寧に記入しましょう。カンマ・小数点は正しい位置に書きましょう。

表示部	記入欄A	記入欄B
(例) 123456789.012	1 2 3 4 5 6 7 8 9 0 1 2	123,456,789.012

記入欄Aの桁: 億の位／千万の位／百万の位／十万の位／万の位／千の位／百の位／十の位／一の位／小数一位／小数二位／小数三位

・カンマは数字の下側に、左向きに書くこと。
・小数点はカンマと見分けられるように書くこと。

1　123456789.12　（この点は書かないこと。）

2　123456789.12.

3　123456789.012

4　123456789.12

● 「1」と「7」の練習

5　111777111777.

6　777111777111.

7　171717171717.

● 「6」と「0」の練習

8　666000666000.

9　060606060606

10　606060606060.

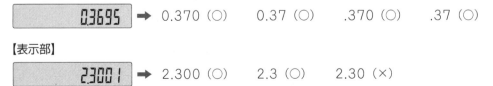

9784883277759
1921034006501
ISBN978-4-88327-775-9
C1034 ¥650E

EIKOSHO

定価　715円（税抜価格650円）

全経・電卓計算能力検定試験準拠

電卓計算4級 直前模試

経理教育研究会編

英光社

公益社団法人全国経理教育協会主催／文部科学省後援
電卓計算能力検定試験準拠

電卓計算 直前模試

4級
本試験形式

経理教育研究会編

本書の特長

1. **良質の模擬問題**
   過去出題問題を徹底的に分析し、15回分の模擬問題を作問いたしました。
   出題傾向に基づいて偏りなく作問しており、どの問題も本試験と同等のクオリティです。
2. **本試験と同一形式**
   本試験と同一形式のプリントですので、本番に臨む心構えを養うことができます。
3. **わかりやすい解説付き**
   乗算・除算・複合算の計算順序を、わかりやすく解説しています。また、答案記入上の注意とともに、数字の練習ページも設けています。

EIKOSHO

[編者紹介]

経理教育研究会

商業科目専門の執筆・編集ユニット。
英光社発行のテキスト・問題集の多くを手がけている。
メンバーは固定ではなく、開発内容に応じて専門性の
高いメンバーが参加する。

電卓計算4級直前模試

2023年4月1日　発行

編　者　経理教育研究会
発行所　株式会社 英光社
〒176-0012　東京都練馬区豊玉北1-9-1
TEL 050-3816-9443
振替口座 00180-6-149242
https://eikosha.net

ISBN 978-4-88327-775-9 C1034

本書の内容に誤りが見つかった場合は、
ホームページにて正誤表を公開いたします。
https://eikosha.net/seigo

本書の内容に不審な点がある場合は、下記よりお問合せください。
https://eikosha.net/contact
FAX 03-5946-6945
※お電話でのお問合せはご遠慮ください。

落丁・乱丁本はお取り替えいたします。
上記contactよりお問合せください。

シャープ製電卓の解説

乗算・除算

❶ 乗算・除算の概略

(1) 解答欄

乗算・除算は上段と下段に分かれており、それぞれ33箇所ずつ、合計66箇所の解答欄があります。検定試験では、66箇所の解答欄のうち、上下段10箇所ずつ、計20箇所だけが採点の対象となります。右ページの計算例において、●が採点箇所です。なお、採点箇所は発表されません。

(2) 名数と無名数

上段は無名数、下段は名数の問題です。無名数とは単位のない数、名数とは単位（電卓検定では“¥”）のある数のことです。

(3) 小計と合計

小計：問1～問5を累算して小計①を求めます。GTスイッチをGT位置にしておくと、＝キー（および%キー）で求めた計算結果が自動的にGTメモリーに累算されます。小計②についても同様です。

合計：小計と小計を足して合計を求めます。合計は独立メモリーを使用して求めます。GTメモリーで小計を求めたら、すぐさまM+を押し、独立メモリーに入力します。独立メモリー内の数値（すなわち合計の値）はRMにより表示できます。

(4) パーセント（構成比率）

パーセントは左右2列あります。左列の上部が小計①に対するパーセント、下部が小計②に対するパーセント、右列が合計に対するパーセントです。

パーセントは、「乗算の答÷小計（もしくは合計）×100」で求められます。「÷小計（もしくは合計）×100」の計算は5ないし10回連続しての計算となりますので、「定数計算機能」を活用すると、キー操作が省略できます。右ページのキー操作にて確認してください。

(5) 端数処理

端数処理はすべて「四捨五入」です。パーセントで小数第2位未満に端数のあるときは四捨五入します。ラウンドスイッチの設定を「四捨五入」にあわせておくと、＝キーなどを押したときに端数処理が実行されます。計算の途中でタブスイッチ（小数部桁数指定スイッチ）の切替えを忘れないように注意しましょう。

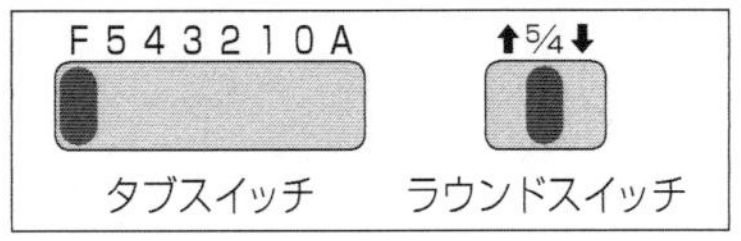

❷ 計算順序

右ページをご覧ください。乗算・除算とも計算の順序は同じですので、ここでは乗算の上段を例に説明します。計算の順序は、（ア）～（ム）の通りです。

❸ 計算上の注意

(1) 小計を求めたら、すぐにその値を独立メモリーに入力しましょう。

(2) タブスイッチの切替えのタイミングを確認しておきましょう。

(3) パーセント計算は逆数計算や定数計算機能を活用しましょう。

(4) パーセント計算の際に読み取りやすいように、解答をきれいに記入しましょう。

計算例とキー操作

No.						答	パーセント	パーセント
1	2,683	×	714	＝	(ア)	1,915,662	(キ) ● 12.50%	(ネ) 6.97%
2	5,046	×	859	＝	(イ) ●	4,334,514	(ク) 28.28%	(ノ) 15.78%
3	1,350	×	962	＝	(ウ)	1,298,700	(ケ) ● 8.47%	(ハ) 4.73%
4	729	×	6,085	＝	(エ)	4,435,965	(コ) 28.94%	(ヒ) ● 16.15%
5	8,237	×	406	＝	(オ) ●	3,344,222	(サ) 21.82%	(フ) 12.18%
	No.1～No.5 小計 ①				(カ)	15,329,063	100 %	
6	9,815	×	743	＝	(シ)	7,292,545	(ツ) 60.09%	(ヘ) 26.55%
7	6,702	×	198	＝	(ス) ●	1,326,996	(テ) 10.93%	(ホ) 4.83%
8	1,564	×	237	＝	(セ)	370,668	(ト) 3.05%	(マ) ● 1.35%
9	30,498	×	51	＝	(ソ) ●	1,555,398	(ナ) 12.82%	(ミ) 5.66%
10	4,971	×	320	＝	(タ)	1,590,720	(ニ) ● 13.11%	(ム) 5.79%
	No.6～No.10 小計 ②				(チ)	12,136,327	100 %	
	（小計 ①＋②） 合計				(ヌ) ●	27,465,390		100 %

	キー操作	表示	
1.			
2.	CA	0.	
3.	2 6 8 3 × 7 1 4 ＝	1915662. G	(ア)
4.	5 0 4 6 × 8 5 9 ＝	4334514. G	(イ)
5.	1 3 5 0 × 9 6 2 ＝	1298700. G	(ウ)
6.	7 2 9 × 6 0 8 5 ＝	4435965. G	(エ)
7.	8 2 3 7 × 4 0 6 ＝	3344222. G	(オ)
8.	GT	15329063. G	(カ)
9.	M+	15329063. MG	
10.	GT GT	15329063. M	
11.			
12.	÷ ＝	0.00 M	
13.	1 9 1 5 6 6 2 %	12.50 MG	(キ)
14.	4 3 3 4 5 1 4 %	28.28 MG	(ク)
15.	1 2 9 8 7 00 %	8.47 MG	(ケ)
16.	4 4 3 5 9 6 5 %	28.94 MG	(コ)
17.	3 3 4 4 2 2 2 %	21.82 MG	(サ)
18.	GT GT	100.01 M	
19.			
20.	9 8 1 5 × 7 4 3 ＝	7292545. MG	(シ)
21.	6 7 0 2 × 1 9 8 ＝	1326996. MG	(ス)
22.	1 5 6 4 × 2 3 7 ＝	370668. MG	(セ)
23.	3 0 4 9 8 × 5 1 ＝	1555398. MG	(ソ)
24.	4 9 7 1 × 3 2 0 ＝	1590720. MG	(タ)
25.	GT	12136327. MG	(チ)
26.	M+	12136327. MG	
27.			
28.	GT GT	12136327. M	
29.	÷ ＝	0.00 M	
30.	7 2 9 2 5 4 5 %	60.09 MG	(ツ)
31.	1 3 2 6 9 9 6 %	10.93 MG	(テ)
32.	3 7 0 6 6 8 %	3.05 MG	(ト)
33.	1 5 5 5 3 9 8 %	12.82 MG	(ナ)
34.	1 5 9 0 7 2 0 %	13.11 MG	(ニ)
35.	GT GT	100.00 M	
36.	RM	27465390. M	(ヌ)
37.	÷ ＝	0.00 M	
38.	1 9 1 5 6 6 2 %	6.97 MG	(ネ)
39.	4 3 3 4 5 1 4 %	15.78 MG	(ノ)
40.	1 2 9 8 7 00 %	4.73 MG	(ハ)
41.	4 4 3 5 9 6 5 %	16.15 MG	(ヒ)
42.	3 3 4 4 2 2 2 %	12.18 MG	(フ)
43.	7 2 9 2 5 4 5 %	26.55 MG	(ヘ)
44.	1 3 2 6 9 9 6 %	4.83 MG	(ホ)
45.	3 7 0 6 6 8 %	1.35 MG	(マ)
46.	1 5 5 5 3 9 8 %	5.66 MG	(ミ)
47.	1 5 9 0 7 2 0 %	5.79 MG	(ム)
48.	GT	99.99 MG	

複合算

❶ 複合算の概略

複合算は、加減乗除（＋－×÷）の計算を、計算の規則に従い、電卓の機能を活用しながら順序立てて進めて行くことが求められます。計算規則とは次の通りです。

【1】乗算（×）、除算（÷）を優先する。

例1 $2\times3+56\div7=$

先に乗算・除算を計算し、次に両方の値を足し算します。

[1] 2×3=6
[2] 56÷7=8
[3] 6+8=14

[練習1] $4\times8+9\div3=$
[練習2] $12\div2+5\times7=$
[練習3] $12\times3-24\div6=$

【2】(　)内の計算を優先する。

例2 $(18-9)\times(23-15)=$

先に(　)内を計算し、次に両方の答を掛け算します。

[1] 18−9=9
[2] 23−15=8
[3] 9×8=72

[練習4] $(11-4)\times(1+6)=$
[練習5] $(4+2)\times(15-12)=$
[練習6] $(17+7)\times(18-9)=$

❷ 電卓で計算する場合のキー操作

電卓で計算する場合には、次のキー操作により答が求められます。

【1】左右の計算の答を足し算または引き算するときは、独立メモリー内で行う。

例3 $4,809\times562+492,534\div9,121=$

左右の乗算の答をそれぞれ独立メモリーにプラスで入力することにより、独立メモリー内で足し算されます。独立メモリー内の数値はRMで呼び出します。

[1] 4809×562M+
[2] 492534÷9121M+
[3] RM（答 2,702,712）

[練習7] $1,673\times421+1,766,373\div4,893=$
[練習8] $16,349,208\div632+298\times2,751=$
[練習9] $(17+23)+5,713\times264=$

例4 $7,546,931\div47-321\times64=$

左の除算の答を独立メモリーにプラスで入力し、右の乗算の答を独立メモリーにマイナスで入力することにより、独立メモリー内で引き算が行えます。

[1] 7546931÷47M+
[2] 321×64M−
[3] RM（答 140,029）

[練習10] $2,337,310\div94-56\times273=$
[練習11] $357\times5,816-406\times805=$
[練習12] $2,584,545\div53-2,551,120\div715=$

【2】中央の計算が乗算のときは、左の計算の答を独立メモリーに入力する。

例5 $360-197\times7,018-632=$

左の引き算の答を独立メモリーに入力し、右の引き算の答を求めて乗算する際に、RMで呼び出し掛け算します。

[1] 360−197M+
[2] 7018−632=
[3] ×RM=（答 1,040,918）

[練習13] $(410+629)\times(528+7,801)=$
[練習14] $(8,142-7,631)\times(792\times45)=$
[練習15] $(313+69)\times(59,014-2,096)=$

【3】中央の計算が除算のときは、左の計算の答を独立メモリーに入力し、逆数計算を行う。

例6 $(297\times567)\div(21,141\div783)=$

左の乗算の答を独立メモリーに入力し、右の除算の答を求めた後に逆数計算（÷=）を行います。（逆数計算とは電卓で行う分数計算のことです。）

[1] 297×567M+
[2] 21141÷783=
[3] ÷=RM=（答 6,237）

[練習16] $(331,978+81,032)\div(61+29)=$
[練習17] $(318,966+61,908)\div(601-87)=$
[練習18] $(6,193,770-63)\div(109\times31)=$

複合算［練習］の解答

[練習1] 35	[練習4] 49	[練習7] 704,694	[練習10] 9,577	[練習13] 8,653,831	[練習16] 4,589
[練習2] 41	[練習5] 18	[練習8] 845,667	[練習11] 1,749,482	[練習14] 18,212,040	[練習17] 741
[練習3] 32	[練習6] 216	[練習9] 1,508,272	[練習12] 45,197	[練習15] 21,742,676	[練習18] 1,833

カシオ製電卓の解説

乗算・除算

❶ 乗算・除算の概略

(1) 解答欄

乗算・除算は上段と下段に分かれており、それぞれ33箇所ずつ、合計66箇所の解答欄があります。検定試験では、66箇所の解答欄のうち、上下段10箇所ずつ、計20箇所だけが採点の対象となります。右ページの計算例において、●が採点箇所です。なお、採点箇所は発表されません。

(2) 名数と無名数

上段は無名数、下段は名数の問題です。無名数とは単位のない数、名数とは単位（電卓検定では"¥"）のある数のことです。

(3) 小計と合計

小計：問1～問5を累算して小計①を求めます。=キーで求めた計算結果が自動的にGTメモリーに累算されますので、問5を求めた後GTキーで呼び出します。小計②についても同様です。

合計：小計と小計を足して合計を求めます。合計は独立メモリーを使用して求めます。GTメモリーで小計を求めたら、すぐさまM+を押し、独立メモリーに入力します。独立メモリー内の数値（すなわち合計の値）はMRにより表示できます。

(4) パーセント（構成比率）

パーセントは左右2列あります。左列の上部が小計①に対するパーセント、下部が小計②に対するパーセント、右列が合計に対するパーセントです。

パーセントは、「乗算の答÷小計（もしくは合計）×100」で求められます。「÷小計（もしくは合計）×100」の計算は5ないし10回連続しての計算となりますので、「定数計算機能」を活用すると、キー操作が省略できます。右ページのキー操作にて確認してください。

(5) 端数処理

端数処理はすべて「四捨五入」です。パーセントで小数第2位未満に端数のあるときは四捨五入します。ラウンドスイッチの設定を「四捨五入」にあわせておくと、=キーなどを押したときに端数処理が実行されます。計算の途中でタブスイッチ（小数部桁数指定スイッチ）の切替えを忘れないように注意しましょう。

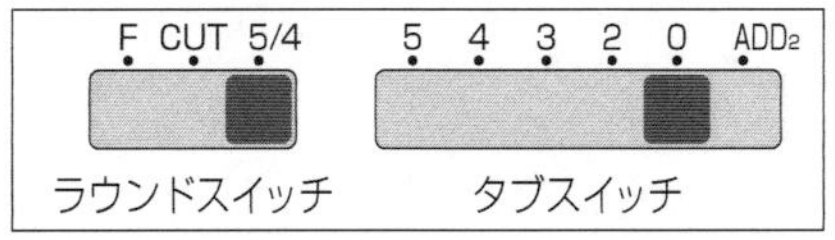

❷ 計算順序

右ページをご覧ください。乗算・除算とも計算の順序は同じですので、ここでは乗算の上段を例に説明します。計算の順序は、（ア）～（ム）の通りです。

❸ 計算上の注意

(1) 小計を求めたら、すぐにその値を独立メモリーに入力しましょう。

(2) タブスイッチの切替えのタイミングを確認しておきましょう。

(3) パーセント計算は定数計算機能を活用しましょう。

(4) パーセント計算の際に読み取りやすいように、解答をきれいに記入しましょう。

計算例とキー操作

No.									
1	2,683	×	714	=	(ア)	1,915,662	(キ) ● 12.50%	(ネ)	6.97%
2	5,046	×	859	=	(イ) ●	4,334,514	(ク) 28.28%	(ノ)	15.78%
3	1,350	×	962	=	(ウ)	1,298,700	(ケ) ● 8.47%	(ハ)	4.73%
4	729	×	6,085	=	(エ)	4,435,965	(コ) 28.94%	(ヒ) ●	16.15%
5	8,237	×	406	=	(オ) ●	3,344,222	(サ) 21.82%	(フ)	12.18%
No.1～No.5 小計 ①					(カ)	15,329,063	100 %		
6	9,815	×	743	=	(シ)	7,292,545	(ツ) 60.09%	(ヘ)	26.55%
7	6,702	×	198	=	(ス) ●	1,326,996	(テ) 10.93%	(ホ)	4.83%
8	1,564	×	237	=	(セ)	370,668	(ト) 3.05%	(マ) ●	1.35%
9	30,498	×	51	=	(ソ) ●	1,555,398	(ナ) 12.82%	(ミ)	5.66%
10	4,971	×	320	=	(タ)	1,590,720	(ニ) ● 13.11%	(ム)	5.79%
No.6～No.10 小計 ②					(チ)	12,136,327	100 %		
（小計 ①＋②）合計					(ヌ) ●	27,465,390			100 %

1. 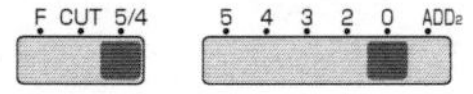
2. AC MC　0.
3. 2 6 8 3 × 7 1 4 =　1,915,662.（ア）
4. 5 0 4 6 × 8 5 9 =　4,334,514.（イ）
5. 1 3 5 0 × 9 6 2 =　1,298,700.（ウ）
6. 7 2 9 × 6 0 8 5 =　4,435,965.（エ）
7. 8 2 3 7 × 4 0 6 =　3,344,222.（オ）
8. GT　15,329,063.（カ）
9. M+　15,329,063.
10. 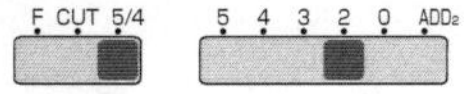
11. ÷ ÷　15,329,063.
12. 1 9 1 5 6 6 2 %　12.50（キ）
13. 4 3 3 4 5 1 4 %　28.28（ク）
14. 1 2 9 8 7 00 %　8.47（ケ）
15. 4 4 3 5 9 6 5 %　28.94（コ）
16. 3 3 4 4 2 2 2 %　21.82（サ）
17. 
18. AC　0.
19. 9 8 1 5 × 7 4 3 =　7,292,545.（シ）
20. 6 7 0 2 × 1 9 8 =　1,326,996.（ス）
21. 1 5 6 4 × 2 3 7 =　370,668.（セ）
22. 3 0 4 9 8 × 5 1 =　1,555,398.（ソ）
23. 4 9 7 1 × 3 2 0 =　1,590,720.（タ）
24. GT　12,136,327.（チ）
25. M+　12,136,327.
26. 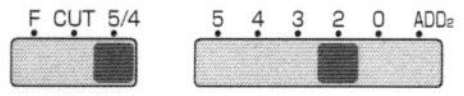
27. ÷ ÷　12,136,327.
28. 7 2 9 2 5 4 5 %　60.09（ツ）
29. 1 3 2 6 9 9 6 %　10.93（テ）
30. 3 7 0 6 6 8 %　3.05（ト）
31. 1 5 5 5 3 9 8 %　12.82（ナ）
32. 1 5 9 0 7 2 0 %　13.11（ニ）
33. MR　27,465,390.（ヌ）
34. ÷ ÷　27,465,390.
35. 1 9 1 5 6 6 2 %　6.97（ネ）
36. 4 3 3 4 5 1 4 %　15.78（ノ）
37. 1 2 9 8 7 00 %　4.73（ハ）
38. 4 4 3 5 9 6 5 %　16.15（ヒ）
39. 3 3 4 4 2 2 2 %　12.18（フ）
40. 7 2 9 2 5 4 5 %　26.55（ヘ）
41. 1 3 2 6 9 9 6 %　4.83（ホ）
42. 3 7 0 6 6 8 %　1.35（マ）
43. 1 5 5 5 3 9 8 %　5.66（ミ）
44. 1 5 9 0 7 2 0 %　5.79（ム）

複合算

❶ 複合算の概略

複合算は、加減乗除（＋－×÷）の計算を、計算の規則に従い、電卓の機能を活用しながら順序立てて進めて行くことが求められます。計算規則とは次の通りです。

【1】乗算（×）、除算（÷）を優先する。

例1　$2\times3+56\div7=$

先に乗算・除算を計算し、次に両方の値を足し算します。

［1］2×3=6
［2］56÷7=8
［3］6+8=14

［練習1］$4\times8+9\div3=$
［練習2］$12\div2+5\times7=$
［練習3］$12\times3-24\div6=$

【2】(　) 内の計算を優先する。

例2　$(18-9)\times(23-15)=$

先に(　)内を計算し、次に両方の答を掛け算します。

［1］18−9=9
［2］23−15=8
［3］9×8=72

［練習4］$(11-4)\times(1+6)=$
［練習5］$(4+2)\times(15-12)=$
［練習6］$(17+7)\times(18-9)=$

❷ 電卓で計算する場合のキー操作

電卓で計算する場合には、次のキー操作により答が求められます。

【1】左右の計算の答を足し算または引き算するときは、独立メモリー内で行う。

例3　$4,809\times562+492,534\div9,121=$

左右の乗算の答をそれぞれ独立メモリーにプラスで入力することにより、独立メモリー内で足し算されます。独立メモリー内の数値は MR で呼び出します。

［1］4 8 0 9 × 5 6 2 M+
［2］4 9 2 5 3 4 ÷ 9 1 2 1 M+
［3］MR（答 2,702,712）

［練習7］$1,673\times421+1,766,373\div4,893=$
［練習8］$16,349,208\div632+298\times2,751=$
［練習9］$(17+23)+5,713\times264=$

例4　$7,546,931\div47-321\times64=$

左の除算の答を独立メモリーにプラスで入力し、右の乗算の答を独立メモリーにマイナスで入力することにより、独立メモリー内で引き算が行えます。

［1］7 5 4 6 9 3 1 ÷ 4 7 M+
［2］3 2 1 × 6 4 M−
［3］MR（答 140,029）

［練習10］$2,337,310\div94-56\times273=$
［練習11］$357\times5,816-406\times805=$
［練習12］$2,584,545\div53-2,551,120\div715=$

【2】中央の計算が乗算のときは、左の計算の答を独立メモリーに入力する。

例5　$360-197\times7,018-632=$

左の引き算の答を独立メモリーに入力し、右の引き算の答を求めて乗算する際に、MR で呼び出し掛け算します。

［1］3 6 0 − 1 9 7 M+
［2］7 0 1 8 − 6 3 2 =
［3］× MR =（答 1,040,918）

［練習13］$(410+629)\times(528+7,801)=$
［練習14］$(8,142-7,631)\times(792\times45)=$
［練習15］$(313+69)\times(59,014-2,096)=$

【3】中央の計算が除算のときは、左の計算の答を独立メモリーに入力し、定数計算を行う。

例6　$(297\times567)\div(21,141\div783)=$

左の乗算の答を独立メモリーに入力し、右の除算の答を求めた後に定数計算（÷÷）を行います。

［1］2 9 7 × 5 6 7 M+
［2］2 1 1 4 1 ÷ 7 8 3 =
［3］÷ ÷ MR =（答 6,237）

［練習16］$(331,978+81,032)\div(61+29)=$
［練習17］$(318,966+61,908)\div(601-87)=$
［練習18］$(6,193,770-63)\div(109\times31)=$

複合算［練習］の解答

［練習1］35	［練習4］49	［練習7］704,694	［練習10］9,577	［練習13］8,653,831	［練習16］4,589
［練習2］41	［練習5］18	［練習8］845,667	［練習11］1,749,482	［練習14］18,212,040	［練習17］741
［練習3］32	［練習6］216	［練習9］1,508,272	［練習12］45,197	［練習15］21,742,676	［練習18］1,833

電卓計算 直前模試

4級 解答

第1回

■1種目100点を満点とし、各種目とも得点70点以上を合格とする。
■乗算・除算は解答表の●印のついた箇所(1箇所5点、各20箇所)だけを採点する。

乗算解答(●印1箇所5点×20箇所)

1	3,907,050	●21.49%	13.22%
2	●6,135,480	33.75%	20.77%
3	5,073,074	27.90%	●17.17%
4	2,112,772	11.62%	7.15%
5	●953,316	5.24%	3.23%
小計①=	●18,181,692	100%	
6	2,587,480	●22.77%	8.76%
7	5,124,798	45.10%	17.35%
8	●808,466	7.12%	2.74%
9	1,040,778	●9.16%	3.52%
10	1,800,480	15.85%	●6.09%
小計②=	11,362,002	100%	
合計=	●29,543,694		100%
11 ¥	●6,649,008	44.61%	21.54%
12 ¥	2,997,904	●20.12%	9.71%
13 ¥	●3,605,493	24.19%	11.68%
14 ¥	762,350	5.12%	2.47%
15 ¥	888,568	5.96%	●2.88%
小計③=¥	●14,903,323	100%	
16 ¥	1,790,547	●11.22%	5.80%
17 ¥	925,470	5.80%	●3.00%
18 ¥	●1,397,235	8.76%	4.53%
19 ¥	3,185,000	19.96%	10.32%
20 ¥	8,660,412	54.27%	●28.06%
小計④=¥	●15,958,664	100%	
合計=¥	30,861,987		100%

※検定試験時の採点箇所は、●印のついた20箇所です。

除算解答(●印1箇所5点×20箇所)

1	●1,804	41.47%	27.27%
2	512	11.77%	●7.74%
3	746	●17.15%	11.28%
4	963	22.14%	14.56%
5	●325	7.47%	4.91%
小計①=	●4,350	100%	
6	279	●12.32%	4.22%
7	●450	19.87%	6.80%
8	608	26.84%	9.19%
9	97	4.28%	●1.47%
10	831	●36.69%	12.56%
小計②=	●2,265	100%	
合計=	6,615		100%
11 ¥	903	37.58%	13.29%
12 ¥	●81	3.37%	1.19%
13 ¥	526	●21.89%	7.74%
14 ¥	134	5.58%	●1.97%
15 ¥	●759	31.59%	11.17%
小計③=¥	●2,403	100%	
16 ¥	2,015	●45.88%	29.65%
17 ¥	●847	19.29%	12.47%
18 ¥	492	11.20%	●7.24%
19 ¥	368	8.38%	5.42%
20 ¥	670	15.26%	●9.86%
小計④=¥	4,392	100%	
合計=¥	●6,795		100%

複合算解答(1題5点×20題)

1	2,374
2	914
3	16,941,423
4	179,361
5	736
6	69,641,745
7	778,942,710
8	583
9	10,768
10	366,523,944
11	893
12	49,588,720
13	6,647
14	966,000,000
15	4,551,690
16	317,379,412
17	575,829,312
18	8,649
19	18,419,990
20	25,889,766

見取算解答(1題10点×10題)

1	¥	302,175
2	¥	262,836
3	¥	116,107
4	¥	361,980
5	¥	141,721
6	¥	282,798
7	¥	271,737
8	¥	121,815
9	¥	342,864
10	¥	276,039

第2回

■1種目100点を満点とし、各種目とも得点70点以上を合格とする。
■乗算・除算は解答表の●印のついた箇所(1箇所5点、各20箇所)だけを採点する。

乗算解答(●印1箇所5点×20箇所)

1	●2,186,615	14.75%	7.77%
2	●5,684,040	38.35%	20.19%
3	1,627,626	●10.98%	5.78%
4	884,618	5.97%	3.14%
5	4,438,742	29.95%	●15.77%
小計①=	●14,821,641	100%	
6	967,590	7.26%	3.44%
7	6,069,504	●45.55%	21.56%
8	1,609,496	12.08%	●5.72%
9	●3,863,145	28.99%	13.72%
10	816,064	●6.12%	2.90%
小計②=	13,325,799	100%	
合計=	●28,147,440		100%
11 ¥	●902,702	5.44%	2.65%
12 ¥	8,274,000	49.88%	●24.32%
13 ¥	4,610,286	●27.79%	13.55%
14 ¥	1,814,280	10.94%	●5.33%
15 ¥	●988,177	5.96%	2.90%
小計③=¥	16,589,445	100%	
16 ¥	●2,211,328	12.69%	6.50%
17 ¥	1,669,068	●9.58%	4.91%
18 ¥	3,701,390	21.24%	10.88%
19 ¥	●979,064	5.62%	2.88%
20 ¥	8,867,390	50.88%	●26.07%
小計④=¥	17,428,240	100%	
合計=¥	●34,017,685		100%

※検定試験時の採点箇所は、●印のついた20箇所です。

除算解答(●印1箇所5点×20箇所)

1	1,905	43.62%	28.41%
2	534	●12.23%	7.96%
3	●361	8.27%	5.38%
4	●827	18.94%	12.33%
5	740	16.95%	●11.04%
小計①=	●4,367	100%	
6	952	●40.72%	14.20%
7	●289	12.36%	4.31%
8	76	3.25%	1.13%
9	603	25.79%	●8.99%
10	418	●17.88%	6.23%
小計②=	●2,338	100%	
合計=	6,705		100%
11 ¥	104	●5.05%	1.53%
12 ¥	●432	20.97%	6.36%
13 ¥	591	28.69%	●8.70%
14 ¥	●63	3.06%	0.93%
15 ¥	870	42.23%	●12.80%
小計③=¥	2,060	100%	
16 ¥	625	13.20%	9.20%
17 ¥	●349	7.37%	5.14%
18 ¥	2,087	●44.08%	30.71%
19 ¥	916	19.35%	●13.48%
20 ¥	●758	16.01%	11.16%
小計④=¥	●4,735	100%	
合計=¥	6,795		100%

複合算解答(1題5点×20題)

1	67,306,009
2	554,857,380
3	31,767,885
4	156,092,412
5	520,700,000
6	28,283,561
7	692
8	50,016
9	36,805,131
10	917
11	738
12	7,564
13	808
14	2,486,980
15	8,046
16	9,123
17	474,747,168
18	455,327,642
19	154,570
20	34,205,823

見取算解答(1題10点×10題)

1	¥	353,214
2	¥	302,319
3	¥	118,995
4	¥	302,859
5	¥	180,687
6	¥	332,343
7	¥	203,634
8	¥	158,024
9	¥	382,005
10	¥	222,865

第３回

■１種目100点を満点とし、各種目とも得点70点以上を合格とする。
■乗算・除算は解答表の●印のついた箇所（１箇所5点、各20箇所）だけを採点する。

乗算解答（●印１箇所5点×20箇所）

1	●972, 225	5. 34%	2. 94%
2	7, 891, 348	43. 31%	●23. 89%
3	1, 600, 056	8. 78%	4. 84%
4	2, 787, 840	●15. 30%	8. 44%
5	●4, 970, 097	27. 28%	15. 04%
小計①=	●18, 221, 566	100 %	
6	6, 795, 056	45. 86%	20. 57%
7	930, 340	●6. 28%	2. 82%
8	4, 220, 278	28. 48%	●12. 77%
9	●703, 018	4. 74%	2. 13%
10	2, 167, 532	●14. 63%	6. 56%
小計②=	14, 816, 224	100 %	
合計=	●33, 037, 790		100 %
11 ¥	3, 929, 877	25. 80%	●13. 14%
12 ¥	1, 911, 634	●12. 55%	6. 39%
13 ¥	●6, 136, 130	40. 29%	20. 52%
14 ¥	2, 461, 648	16. 16%	●8. 23%
15 ¥	●790, 000	5. 19%	2. 64%
小計③=¥	15, 229, 289	100 %	
16 ¥	●1, 926, 342	13. 12%	6. 44%
17 ¥	3, 907, 578	26. 62%	13. 07%
18 ¥	1, 017, 730	●6. 93%	3. 40%
19 ¥	●949, 630	6. 47%	3. 18%
20 ¥	6, 876, 792	46. 85%	●22. 99%
小計④=¥	●14, 678, 072	100 %	
合計=¥	29, 907, 361		100 %

※検定試験時の採点箇所は、●印のついた20箇所です。

除算解答（●印１箇所5点×20箇所）

1	●2, 381	56. 52%	33. 70%
2	153	●3. 63%	2. 17%
3	●476	11. 30%	6. 74%
4	594	14. 10%	8. 41%
5	609	14. 46%	●8. 62%
小計①=	●4, 213	100 %	
6	710	24. 89%	10. 05%
7	28	●0. 98%	0. 40%
8	●807	28. 30%	11. 42%
9	345	●12. 10%	4. 88%
10	962	33. 73%	●13. 62%
小計②=	●2, 852	100 %	
合計=	7, 065		100 %
11 ¥	●916	31. 02%	11. 90%
12 ¥	504	17. 07%	●6. 55%
13 ¥	658	22. 28%	8. 55%
14 ¥	●83	2. 81%	1. 08%
15 ¥	792	●26. 82%	10. 29%
小計③=¥	●2, 953	100 %	
16 ¥	875	●18. 45%	11. 37%
17 ¥	137	2. 89%	●1. 78%
18 ¥	●3, 061	64. 55%	39. 78%
19 ¥	249	5. 25%	●3. 24%
20 ¥	420	8. 86%	5. 46%
小計④=¥	4, 742	100 %	
合計=¥	●7, 695		100 %

複合算解答（１題5点×20題）

1	837
2	1, 593
3	346, 297, 536
4	13, 203, 276
5	797, 245
6	918
7	506, 600, 000
8	664, 938
9	3, 803
10	38, 336, 521
11	44, 938, 944
12	946
13	28, 656, 823
14	434, 718, 900
15	227, 485, 836
16	537, 505, 647
17	434, 603, 104
18	7, 593
19	61, 247
20	8, 962

見取算解答（１題10点×10題）

1	¥	372, 798
2	¥	342, 012
3	¥	193, 663
4	¥	332, 622
5	¥	170, 801
6	¥	372, 753
7	¥	283, 293
8	¥	157, 279
9	¥	342, 009
10	¥	140, 373

第４回

■１種目100点を満点とし、各種目とも得点70点以上を合格とする。
■乗算・除算は解答表の●印のついた箇所（１箇所5点、各20箇所）だけを採点する。

乗算解答（●印１箇所5点×20箇所）

1	●5, 024, 151	29. 51%	15. 33%
2	878, 560	●5. 16%	2. 68%
3	●1, 644, 624	9. 66%	5. 02%
4	3, 286, 048	19. 30%	●10. 03%
5	6, 189, 024	●36. 36%	18. 89%
小計①=	●17, 022, 407	100 %	
6	948, 060	6. 02%	●2. 89%
7	●2, 106, 225	13. 38%	6. 43%
8	8, 032, 962	●51. 02%	24. 52%
9	907, 074	5. 76%	●2. 77%
10	3, 750, 573	23. 82%	11. 45%
小計②=	15, 744, 894	100 %	
合計=	●32, 767, 301		100 %
11 ¥	4, 004, 880	●28. 59%	14. 26%
12 ¥	●1, 812, 234	12. 94%	6. 45%
13 ¥	4, 173, 391	29. 79%	●14. 86%
14 ¥	901, 200	6. 43%	3. 21%
15 ¥	●3, 116, 886	22. 25%	11. 10%
小計③=¥	14, 008, 591	100 %	
16 ¥	927, 012	6. 58%	3. 30%
17 ¥	●1, 055, 516	7. 50%	3. 76%
18 ¥	5, 068, 242	●36. 00%	18. 04%
19 ¥	●2, 413, 000	17. 14%	8. 59%
20 ¥	4, 615, 953	32. 78%	●16. 43%
小計④=¥	●14, 079, 723	100 %	
合計=¥	28, 088, 314		100 %

※検定試験時の採点箇所は、●印のついた20箇所です。

除算解答（●印１箇所5点×20箇所）

1	2, 109	43. 88%	30. 63%
2	●478	9. 95%	6. 94%
3	761	15. 83%	●11. 05%
4	523	●10. 88%	7. 60%
5	●935	19. 45%	13. 58%
小計①=	●4, 806	100 %	
6	346	●16. 64%	5. 03%
7	54	2. 60%	●0. 78%
8	●187	8. 99%	2. 72%
9	602	28. 96%	8. 74%
10	890	42. 81%	●12. 93%
小計②=	●2, 079	100 %	
合計=	6, 885		100 %
11 ¥	●403	16. 60%	6. 26%
12 ¥	984	40. 53%	●15. 29%
13 ¥	612	25. 21%	9. 51%
14 ¥	●79	3. 25%	1. 23%
15 ¥	350	●14. 42%	5. 44%
小計③=¥	●2, 428	100 %	
16 ¥	708	17. 67%	11. 00%
17 ¥	247	●6. 16%	3. 84%
18 ¥	●1, 695	42. 30%	26. 34%
19 ¥	826	20. 61%	●12. 84%
20 ¥	531	●13. 25%	8. 25%
小計④=¥	4, 007	100 %	
合計=¥	●6, 435		100 %

複合算解答（１題5点×20題）

1	31, 325, 585
2	551, 200, 000
3	4, 122
4	67, 833, 740
5	436, 180, 602
6	28, 370, 616
7	2, 051
8	79, 182
9	69, 467, 727
10	182, 324, 082
11	872
12	928
13	843
14	5, 102, 230
15	7, 632
16	9, 054
17	1, 185, 828
18	344, 897, 842
19	182, 340, 504
20	606, 330, 295

見取算解答（１題10点×10題）

1	¥	332, 091
2	¥	302, 850
3	¥	224, 057
4	¥	292, 572
5	¥	219, 531
6	¥	302, 076
7	¥	341, 667
8	¥	190, 876
9	¥	272, 583
10	¥	184, 730

第５回

■１種目100点を満点とし、各種目とも得点70点以上を合格とする。
■乗算・除算は解答表の●印のついた箇所（１箇所５点、各20箇所）だけを採点する。

乗算解答（●印１箇所５点×20箇所）

1		●4, 145, 802	26. 12%	12. 17%
2		2, 603, 709	16. 40%	● 7. 64%
3		1, 912, 335	12. 05%	5. 61%
4		●6, 261, 120	39. 44%	18. 38%
5		951, 002	● 5. 99%	2. 79%
小計①=		●15, 873, 968	100 %	
6		6, 785, 460	37. 30%	●19. 92%
7		727, 936	● 4. 00%	2. 14%
8		8, 036, 548	44. 18%	●23. 59%
9		1, 655, 460	9. 10%	4. 86%
10		●986, 076	5. 42%	2. 89%
小計②=		18, 191, 480	100 %	
合計=		●34, 065, 448		100 %
11	¥	5, 370, 000	29. 06%	●17. 44%
12	¥	●1, 460, 100	7. 90%	4. 74%
13	¥	4, 512, 659	24. 42%	14. 66%
14	¥	●701, 946	3. 80%	2. 28%
15	¥	6, 435, 318	●34. 82%	20. 90%
小計③=¥		●18, 480, 023	100 %	
16	¥	713, 455	● 5. 80%	2. 32%
17	¥	1, 040, 440	8. 45%	3. 38%
18	¥	2, 694, 808	21. 89%	● 8. 75%
19	¥	●3, 415, 608	27. 75%	11. 09%
20	¥	4, 446, 367	●36. 12%	14. 44%
小計④=¥		●12, 310, 678	100 %	
合計=¥		30, 790, 701		100 %

※検定試験時の採点箇所は、●印のついた20箇所です。

除算解答（●印１箇所５点×20箇所）

1		1, 589	39. 96%	25. 04%
2		326	● 8. 20%	5. 14%
3		●418	10. 51%	6. 59%
4		703	17. 68%	●11. 08%
5		940	●23. 64%	14. 81%
小計①=		●3, 976	100 %	
6		●297	12. 54%	4. 68%
7		605	25. 54%	● 9. 54%
8		●861	36. 34%	13. 57%
9		72	● 3. 04%	1. 13%
10		534	22. 54%	8. 42%
小計②=		●2, 369	100 %	
合計=		6, 345		100 %
11	¥	●386	13. 10%	4. 85%
12	¥	19	● 0. 64%	0. 24%
13	¥	●875	29. 70%	10. 99%
14	¥	902	30. 62%	●11. 32%
15	¥	764	25. 93%	9. 59%
小計③=¥		●2, 946	100 %	
16	¥	241	4. 80%	● 3. 03%
17	¥	●693	13. 81%	8. 70%
18	¥	3, 108	●61. 92%	39. 02%
19	¥	450	8. 97%	5. 65%
20	¥	527	10. 50%	● 6. 62%
小計④=¥		5, 019	100 %	
合計=¥		●7, 965		100 %

複合算解答（１題５点×20題）

1	876
2	6, 129
3	470, 171, 520
4	53, 212, 169
5	7, 925, 236
6	908
7	481, 000, 000
8	376, 366
9	408, 002, 553
10	28, 284, 123
11	2, 630
12	763
13	13, 512, 245
14	682, 040, 250
15	872, 711, 201
16	392, 577, 811
17	5, 872
18	8, 245
19	128, 721, 021
20	9, 028

見取算解答（１題10点×10題）

1	¥	381, 654
2	¥	272, 421
3	¥	128, 281
4	¥	291, 636
5	¥	158, 053
6	¥	292, 302
7	¥	332, 362
8	¥	235, 803
9	¥	302, 229
10	¥	128, 543

第６回

■１種目100点を満点とし、各種目とも得点70点以上を合格とする。
■乗算・除算は解答表の●印のついた箇所（１箇所５点、各20箇所）だけを採点する。

乗算解答（●印１箇所５点×20箇所）

1		●1, 926, 935	19. 08%	6. 53%
2		923, 440	9. 14%	● 3. 13%
3		●2, 615, 958	25. 90%	8. 86%
4		3, 644, 235	●36. 08%	12. 34%
5		990, 838	9. 81%	3. 36%
小計①=		●10, 101, 406	100 %	
6		1, 831, 258	9. 43%	6. 20%
7		4, 171, 104	●21. 48%	14. 13%
8		3, 928, 130	●20. 23%	13. 31%
9		●630, 598	3. 25%	2. 14%
10		8, 859, 136	45. 62%	●30. 01%
小計②=		19, 420, 226	100 %	
合計=		●29, 521, 632		100 %
11	¥	790, 308	5. 41%	2. 53%
12	¥	●6, 004, 000	41. 07%	19. 20%
13	¥	●5, 256, 430	35. 96%	16. 81%
14	¥	1, 696, 773	11. 61%	● 5. 42%
15	¥	869, 688	● 5. 95%	2. 78%
小計③=¥		●14, 617, 199	100 %	
16	¥	●888, 250	5. 33%	2. 84%
17	¥	3, 802, 472	22. 82%	●12. 16%
18	¥	2, 066, 904	12. 41%	6. 61%
19	¥	4, 329, 129	●25. 99%	13. 84%
20	¥	5, 573, 260	33. 45%	●17. 82%
小計④=¥		16, 660, 015	100 %	
合計=¥		●31, 277, 214		100 %

※検定試験時の採点箇所は、●印のついた20箇所です。

除算解答（●印１箇所５点×20箇所）

1		57	1. 82%	0. 41%
2		●614	19. 56%	4. 42%
3		720	22. 94%	● 5. 18%
4		945	●30. 11%	6. 80%
5		●803	25. 58%	5. 77%
小計①=		●3, 139	100 %	
6		408	● 3. 79%	2. 93%
7		132	1. 23%	0. 95%
8		●371	3. 45%	2. 67%
9		9, 586	89. 04%	●68. 94%
10		269	● 2. 50%	1. 93%
小計②=		●10, 766	100 %	
合計=		13, 905		100 %
11	¥	274	2. 78%	● 2. 12%
12	¥	426	● 4. 33%	3. 30%
13	¥	●351	3. 56%	2. 72%
14	¥	8, 105	82. 29%	62. 76%
15	¥	693	7. 04%	● 5. 37%
小計③=¥		●9, 849	100 %	
16	¥	●542	17. 68%	4. 20%
17	¥	18	0. 59%	0. 14%
18	¥	860	●28. 05%	6. 66%
19	¥	907	29. 58%	● 7. 02%
20	¥	●739	24. 10%	5. 72%
小計④=¥		●3, 066	100 %	
合計=¥		12, 915		100 %

複合算解答（１題５点×20題）

1	27, 939, 058
2	57, 936, 916
3	368, 686, 670
4	3, 245, 953
5	40, 379, 450
6	123, 823, 290
7	522, 689, 607
8	6, 366
9	615, 000, 000
10	922
11	550, 817, 796
12	13, 796
13	4, 134, 253
14	260, 679, 090
15	794
16	392, 275
17	8, 473
18	7, 814
19	9, 028
20	831

見取算解答（１題10点×10題）

1	¥	341, 946
2	¥	372, 231
3	¥	227, 781
4	¥	243, 009
5	¥	176, 058
6	¥	262, 521
7	¥	332, 388
8	¥	182, 472
9	¥	322, 020
10	¥	109, 941

第７回

■１種目100点を満点とし、各種目とも得点70点以上を合格とする。
■乗算・除算は解答表の●印のついた箇所（1箇所5点、各20箇所）だけを採点する。

乗算解答（●印1箇所5点×20箇所）

1		● 8, 094, 114	48. 33 %	26. 20 %
2		3, 293, 600	● 19. 67 %	10. 66 %
3		3, 113, 214	18. 59 %	10. 08 %
4		775, 203	4. 63 %	● 2. 51 %
5		● 1, 470, 942	8. 78 %	4. 76 %
小計①=		● 16, 747, 073	100 %	
6		2, 835, 384	20. 04 %	● 9. 18 %
7		● 4, 105, 995	29. 02 %	13. 29 %
8		1, 093, 236	● 7. 73 %	3. 54 %
9		5, 166, 090	● 36. 51 %	16. 72 %
10		● 948, 168	6. 70 %	3. 07 %
小計②=		14, 148, 873	100 %	
合計=		30, 895, 946		100 %
11	¥	● 5, 703, 781	30. 07 %	18. 78 %
12	¥	624, 960	3. 29 %	● 2. 06 %
13	¥	● 3, 929, 868	20. 72 %	12. 94 %
14	¥	1, 711, 668	9. 02 %	5. 64 %
15	¥	7, 000, 340	● 36. 90 %	23. 05 %
小計③=¥		● 18, 970, 617	100 %	
16	¥	964, 044	8. 46 %	● 3. 17 %
17	¥	2, 496, 000	21. 89 %	8. 22 %
18	¥	1, 984, 626	● 17. 41 %	6. 53 %
19	¥	● 5, 139, 904	45. 08 %	16. 92 %
20	¥	817, 320	7. 17 %	● 2. 69 %
小計④=¥		11, 401, 894	100 %	
合計=¥		● 30, 372, 511		100 %

※検定試験時の採点箇所は、●印のついた20箇所です。

除算解答（●印1箇所5点×20箇所）

1		2, 315	● 45. 20 %	32. 77 %
2		● 584	11. 40 %	8. 27 %
3		627	12. 24 %	● 8. 87 %
4		● 806	15. 74 %	11. 41 %
5		790	15. 42 %	11. 18 %
小計①=		● 5, 122	100 %	
6		149	7. 67 %	● 2. 11 %
7		71	● 3. 65 %	1. 00 %
8		953	49. 05 %	● 13. 49 %
9		368	18. 94 %	5. 21 %
10		● 402	20. 69 %	5. 69 %
小計②=		1, 943	100 %	
合計=		● 7, 065		100 %
11	¥	● 507	18. 53 %	5. 34 %
12	¥	462	16. 89 %	4. 87 %
13	¥	924	● 33. 77 %	9. 73 %
14	¥	13	0. 48 %	● 0. 14 %
15	¥	● 830	30. 34 %	8. 74 %
小計③=¥		● 2, 736	100 %	
16	¥	● 698	10. 33 %	7. 35 %
17	¥	4, 701	● 69. 55 %	49. 51 %
18	¥	356	5. 27 %	3. 75 %
19	¥	785	11. 61 %	● 8. 27 %
20	¥	219	● 3. 24 %	2. 31 %
小計④=¥		● 6, 759	100 %	
合計=¥		9, 495		100 %

複合算解答（1題5点×20題）

1	827
2	465, 716, 418
3	462, 000, 000
4	8, 378
5	5, 948, 723
6	34, 216, 182
7	914
8	43, 597, 647
9	278, 875, 256
10	183, 343, 160
11	6, 573
12	6, 993
13	37, 593, 529
14	757, 518
15	7, 451
16	9, 062
17	11, 578
18	55, 051, 729
19	497, 158, 391
20	222, 204, 090

見取算解答（1題10点×10題）

1	¥	252, 810
2	¥	232, 335
3	¥	115, 969
4	¥	242, 667
5	¥	290, 840
6	¥	332, 832
7	¥	312, 462
8	¥	173, 410
9	¥	321, 795
10	¥	163, 859

第８回

■１種目100点を満点とし、各種目とも得点70点以上を合格とする。
■乗算・除算は解答表の●印のついた箇所（1箇所5点、各20箇所）だけを採点する。

乗算解答（●印1箇所5点×20箇所）

1		5, 075, 728	38. 23 %	16. 52 %
2		1, 061, 632	● 8. 00 %	3. 46 %
3		● 3, 657, 654	27. 55 %	11. 91 %
4		2, 543, 717	19. 16 %	● 8. 28 %
5		● 938, 070	7. 07 %	3. 05 %
小計①=		● 13, 276, 801	100 %	
6		3, 821, 994	● 21. 91 %	12. 44 %
7		2, 538, 475	14. 55 %	● 8. 26 %
8		837, 640	4. 80 %	2. 73 %
9		● 3, 049, 882	17. 48 %	9. 93 %
10		7, 196, 033	41. 25 %	● 23. 42 %
小計②=		● 17, 444, 024	100 %	
合計=		30, 720, 825		100 %
11	¥	● 894, 483	6. 10 %	2. 66 %
12	¥	938, 883	6. 40 %	● 2. 80 %
13	¥	7, 158, 288	48. 78 %	21. 31 %
14	¥	● 1, 874, 160	12. 77 %	5. 58 %
15	¥	3, 808, 164	● 25. 95 %	11. 34 %
小計③=¥		● 14, 673, 978	100 %	
16	¥	1, 602, 744	8. 48 %	4. 77 %
17	¥	738, 000	● 3. 90 %	2. 20 %
18	¥	● 5, 945, 246	31. 44 %	17. 70 %
19	¥	4, 215, 120	22. 29 %	● 12. 55 %
20	¥	6, 409, 095	● 33. 89 %	19. 08 %
小計④=¥		18, 910, 205	100 %	
合計=¥		● 33, 584, 183		100 %

※検定試験時の採点箇所は、●印のついた20箇所です。

除算解答（●印1箇所5点×20箇所）

1		● 1, 276	32. 60 %	21. 00 %
2		902	● 23. 05 %	14. 85 %
3		● 457	11. 68 %	7. 52 %
4		894	22. 84 %	14. 72 %
5		385	9. 84 %	● 6. 34 %
小計①=		● 3, 914	100 %	
6		503	23. 28 %	8. 28 %
7		39	● 1. 80 %	0. 64 %
8		760	35. 17 %	● 12. 51 %
9		618	● 28. 60 %	10. 17 %
10		● 241	11. 15 %	3. 97 %
小計②=		2, 161	100 %	
合計=		● 6, 075		100 %
11	¥	658	● 16. 38 %	9. 68 %
12	¥	● 2, 013	50. 12 %	29. 62 %
13	¥	● 407	10. 13 %	5. 99 %
14	¥	342	8. 52 %	● 5. 03 %
15	¥	596	14. 84 %	8. 77 %
小計③=¥		● 4, 016	100 %	
16	¥	980	35. 26 %	● 14. 42 %
17	¥	29	1. 04 %	0. 43 %
18	¥	875	● 31. 49 %	12. 88 %
19	¥	● 164	5. 90 %	2. 41 %
20	¥	731	26. 30 %	● 10. 76 %
小計④=¥		● 2, 779	100 %	
合計=¥		6, 795		100 %

複合算解答（1題5点×20題）

1	8, 030
2	74, 200, 104
3	77, 315, 327
4	10, 215
5	28, 444, 349
6	507, 000, 000
7	6, 893
8	708
9	990, 990, 000
10	832, 216, 314
11	444, 207
12	2, 941
13	55, 344, 750
14	9, 321
15	19, 143, 414
16	487
17	39, 418, 300
18	317, 074, 815
19	6, 873
20	4, 670, 803

見取算解答（1題10点×10題）

1	¥	292, 536
2	¥	313, 407
3	¥	70, 124
4	¥	332, 667
5	¥	101, 338
6	¥	272, 556
7	¥	252, 441
8	¥	198, 295
9	¥	252, 513
10	¥	210, 062

第9回

■1種目100点を満点とし、各種目とも得点70点以上を合格とする。
■乗算・除算は解答表の●印のついた箇所（1箇所5点、各20箇所）だけを採点する。

乗算解答（●印1箇所5点×20箇所）

1	●7, 898, 242	48. 02%	23. 63%
2	●2, 413, 920	14. 68%	7. 22%
3	3, 665, 936	●22. 29%	10. 97%
4	1, 546, 980	9. 40%	4. 63%
5	923, 790	5. 62%	●2. 76%
小計①=	●16, 448, 868	100 %	
6	872, 742	5. 14%	2. 61%
7	6, 639, 463	●39. 10%	19. 86%
8	1, 097, 064	6. 46%	●3. 28%
9	●981, 189	5. 78%	2. 93%
10	7, 392, 000	43. 53%	●22. 11%
小計②=	16, 982, 458	100 %	
合計=	●33, 431, 326		100 %
11 ¥	824, 964	●6. 22%	2. 64%
12 ¥	●3, 895, 920	29. 35%	12. 48%
13 ¥	1, 491, 081	11. 23%	4. 78%
14 ¥	4, 849, 085	36. 54%	●15. 53%
15 ¥	●2, 210, 806	16. 66%	7. 08%
小計③=¥	●13, 271, 856	100 %	
16 ¥	1, 675, 868	9. 34%	●5. 37%
17 ¥	●5, 868, 560	32. 69%	18. 80%
18 ¥	3, 595, 688	●20. 03%	11. 52%
19 ¥	6, 213, 434	●34. 61%	19. 90%
20 ¥	597, 360	3. 33%	1. 91%
小計④=¥	●17, 950, 910	100 %	
合計=¥	31, 222, 766		100 %

※検定試験時の採点箇所は、●印のついた20箇所です。

除算解答（●印1箇所5点×20箇所）

1	53	3. 63%	0. 78%
2	602	●41. 23%	8. 86%
3	●381	26. 10%	5. 61%
4	279	19. 11%	●4. 11%
5	●145	9. 93%	2. 13%
小計①=	●1, 460	100 %	
6	467	8. 75%	●6. 87%
7	2, 308	●43. 26%	33. 97%
8	●714	13. 38%	10. 51%
9	956	●17. 92%	14. 07%
10	●890	16. 68%	13. 10%
小計②=	5, 335	100 %	
合計=	6, 795		100 %
11 ¥	692	14. 65%	●10. 91%
12 ¥	●913	19. 34%	14. 39%
13 ¥	705	●14. 93%	11. 11%
14 ¥	●1, 578	33. 42%	24. 87%
15 ¥	834	17. 66%	13. 14%
小計③=¥	●4, 722	100 %	
16 ¥	369	22. 74%	●5. 82%
17 ¥	427	●26. 31%	6. 73%
18 ¥	86	5. 30%	1. 36%
19 ¥	201	12. 38%	●3. 17%
20 ¥	●540	33. 27%	8. 51%
小計④=¥	1, 623	100 %	
合計=¥	●6, 345		100 %

複合算解答（1題5点×20題）

1	583, 946, 952
2	9, 054
3	6, 843
4	89, 742, 031
5	69, 266, 017
6	7, 418
7	140, 368, 536
8	358, 434, 720
9	40, 525
10	9, 156
11	829
12	545, 671
13	555, 000, 000
14	29, 167, 390
15	60, 258, 548
16	29, 935, 979
17	14, 989
18	792
19	38, 912, 643
20	43, 811, 398

見取算解答（1題10点×10題）

1	¥	372, 780
2	¥	282, 834
3	¥	126, 037
4	¥	272, 745
5	¥	184, 439
6	¥	273, 501
7	¥	322, 722
8	¥	215, 701
9	¥	372, 159
10	¥	152, 089

第10回

■1種目100点を満点とし、各種目とも得点70点以上を合格とする。
■乗算・除算は解答表の●印のついた箇所（1箇所5点、各20箇所）だけを採点する。

乗算解答（●印1箇所5点×20箇所）

1	●765, 168	6. 31%	2. 32%
2	3, 010, 010	24. 82%	●9. 12%
3	●1, 536, 304	12. 67%	4. 65%
4	922, 493	●7. 61%	2. 79%
5	5, 894, 648	48. 60%	17. 85%
小計①=	●12, 128, 623	100 %	
6	2, 790, 675	13. 36%	●8. 45%
7	426, 440	2. 04%	1. 29%
8	●3, 907, 356	18. 70%	11. 83%
9	5, 896, 878	28. 22%	●17. 86%
10	7, 871, 262	●37. 67%	23. 84%
小計②=	20, 892, 611	100 %	
合計=	●33, 021, 234		100 %
11 ¥	2, 061, 312	●14. 99%	5. 83%
12 ¥	●5, 357, 376	38. 95%	15. 15%
13 ¥	4, 569, 532	33. 22%	●12. 92%
14 ¥	971, 880	7. 07%	2. 75%
15 ¥	●794, 299	5. 77%	2. 25%
小計③=¥	●13, 754, 399	100 %	
16 ¥	●583, 280	2. 70%	1. 65%
17 ¥	1, 809, 864	8. 37%	●5. 12%
18 ¥	3, 175, 725	●14. 69%	8. 98%
19 ¥	9, 070, 734	41. 97%	25. 65%
20 ¥	6, 972, 000	●32. 26%	19. 71%
小計④=¥	●21, 611, 603	100 %	
合計=¥	35, 366, 002		100 %

※検定試験時の採点箇所は、●印のついた20箇所です。

除算解答（●印1箇所5点×20箇所）

1	4, 019	66. 25%	46. 76%
2	854	●14. 08%	9. 94%
3	●793	13. 07%	9. 23%
4	162	2. 67%	●1. 88%
5	●238	3. 92%	2. 77%
小計①=	●6, 066	100 %	
6	675	●26. 69%	7. 85%
7	●987	39. 03%	11. 48%
8	306	●12. 10%	3. 56%
9	●41	1. 62%	0. 48%
10	520	20. 56%	●6. 05%
小計②=	2, 529	100 %	
合計=	8, 595		100 %
11 ¥	764	29. 79%	12. 58%
12 ¥	95	3. 70%	●1. 56%
13 ¥	●807	31. 46%	13. 28%
14 ¥	●613	23. 90%	10. 09%
15 ¥	286	●11. 15%	4. 71%
小計③=¥	●2, 565	100 %	
16 ¥	1, 279	36. 44%	21. 05%
17 ¥	348	9. 91%	●5. 73%
18 ¥	902	●25. 70%	14. 85%
19 ¥	450	12. 82%	●7. 41%
20 ¥	●531	15. 13%	8. 74%
小計④=¥	3, 510	100 %	
合計=¥	●6, 075		100 %

複合算解答（1題5点×20題）

1	8, 069
2	347, 002, 880
3	36, 105
4	59, 639, 157
5	12, 975, 291
6	630, 000, 000
7	18, 571, 334
8	608
9	278, 317, 620
10	8, 072
11	462, 903
12	253, 484, 712
13	43, 556, 950
14	7, 324
15	46, 248, 304
16	953
17	55, 779, 551
18	59, 905, 963
19	7, 482
20	9, 565

見取算解答（1題10点×10題）

1	¥	372, 384
2	¥	312, 363
3	¥	97, 681
4	¥	331, 641
5	¥	194, 921
6	¥	302, 301
7	¥	282, 438
8	¥	88, 546
9	¥	322, 335
10	¥	241, 665

第11回

■1種目100点を満点とし、各種目とも得点70点以上を合格とする。
■乗算・除算は解答表の●印のついた箇所（1箇所5点、各20箇所）だけを採点する。

乗算解答（●印1箇所5点×20箇所）

1	2, 424, 268	● 13. 54 %	7. 32 %
2	● 894, 900	5. 00 %	2. 70 %
3	● 1, 576, 124	8. 80 %	4. 76 %
4	4, 761, 827	26. 60 %	● 14. 38 %
5	8, 244, 792	● 46. 06 %	24. 90 %
小計①=	17, 901, 911	100 %	
6	● 986, 436	6. 49 %	2. 98 %
7	6, 513, 020	● 42. 83 %	19. 67 %
8	1, 389, 789	9. 14 %	4. 20 %
9	769, 680	5. 06 %	● 2. 32 %
10	● 5, 547, 502	36. 48 %	16. 76 %
小計②=	15, 206, 427	100 %	
合計=	● 33, 108, 338		100 %
11 ¥	● 955, 128	5. 92 %	3. 31 %
12 ¥	1, 845, 014	11. 43 %	● 6. 39 %
13 ¥	● 3, 506, 689	21. 73 %	12. 15 %
14 ¥	3, 201, 000	19. 83 %	● 11. 09 %
15 ¥	6, 630, 911	● 41. 09 %	22. 97 %
小計③=¥	16, 138, 742	100 %	
16 ¥	● 724, 128	5. 69 %	2. 51 %
17 ¥	2, 213, 280	● 17. 39 %	7. 67 %
18 ¥	845, 640	6. 64 %	2. 93 %
19 ¥	5, 425, 826	42. 62 %	● 18. 79 %
20 ¥	● 3, 521, 520	27. 66 %	12. 20 %
小計④=¥	12, 730, 394	100 %	
合計=¥	● 28, 869, 136		100 %

※検定試験時の採点箇所は、●印のついた20箇所です。

除算解答（●印1箇所5点×20箇所）

1	● 98	3. 91 %	1. 54 %
2	841	● 33. 55 %	13. 25 %
3	235	9. 37 %	● 3. 70 %
4	● 629	25. 09 %	9. 91 %
5	704	28. 08 %	11. 10 %
小計①=	● 2, 507	100 %	
6	912	● 23. 76 %	14. 37 %
7	● 560	14. 59 %	8. 83 %
8	● 1, 503	39. 16 %	23. 69 %
9	387	● 10. 08 %	6. 10 %
10	476	12. 40 %	● 7. 50 %
小計②=	3, 838	100 %	
合計=	6, 345		100 %
11 ¥	802	14. 66 %	● 10. 30 %
12 ¥	● 3, 197	58. 46 %	41. 07 %
13 ¥	749	13. 70 %	● 9. 62 %
14 ¥	● 453	8. 28 %	5. 82 %
15 ¥	268	● 4. 90 %	3. 44 %
小計③=¥	5, 469	100 %	
16 ¥	901	38. 90 %	11. 57 %
17 ¥	● 76	3. 28 %	0. 98 %
18 ¥	634	● 27. 37 %	8. 14 %
19 ¥	● 185	7. 99 %	2. 38 %
20 ¥	520	22. 45 %	● 6. 68 %
小計④=¥	● 2, 316	100 %	
合計=¥	7, 785		100 %

複合算解答（1題5点×20題）

1	13, 263
2	38, 846, 315
3	547, 085, 580
4	63, 148, 837
5	9, 036
6	28, 636, 789
7	828
8	9, 632
9	47, 364, 777
10	307, 146
11	72, 800
12	4, 976
13	23, 408, 196
14	783, 100, 000
15	8, 214
16	40, 128, 690
17	597
18	17, 000, 872
19	670, 440, 920
20	355, 131, 700

見取算解答（1題10点×10題）

1	¥	272, 601
2	¥	273, 321
3	¥	183, 837
4	¥	282, 348
5	¥	152, 064
6	¥	382, 077
7	¥	243, 414
8	¥	255, 314
9	¥	321, 984
10	¥	164, 440

第12回

■1種目100点を満点とし、各種目とも得点70点以上を合格とする。
■乗算・除算は解答表の●印のついた箇所（1箇所5点、各20箇所）だけを採点する。

乗算解答（●印1箇所5点×20箇所）

1	● 5, 757, 636	47. 70 %	20. 76 %
2	741, 075	● 6. 14 %	2. 67 %
3	3, 536, 852	29. 30 %	● 12. 75 %
4	● 932, 232	7. 72 %	3. 36 %
5	1, 103, 280	● 9. 14 %	3. 98 %
小計①=	12, 071, 075	100 %	
6	1, 552, 549	9. 91 %	5. 60 %
7	5, 913, 760	● 37. 76 %	21. 33 %
8	● 1, 891, 734	12. 08 %	6. 82 %
9	1, 598, 618	10. 21 %	● 5. 76 %
10	● 4, 703, 220	30. 03 %	16. 96 %
小計②=	● 15, 659, 881	100 %	
合計=	27, 730, 956		100 %
11 ¥	2, 683, 620	23. 02 %	● 9. 21 %
12 ¥	● 1, 349, 712	11. 58 %	4. 63 %
13 ¥	1, 390, 292	11. 93 %	● 4. 77 %
14 ¥	2, 839, 276	● 24. 36 %	9. 74 %
15 ¥	● 3, 392, 930	29. 11 %	11. 64 %
小計③=¥	11, 655, 830	100 %	
16 ¥	● 558, 742	3. 20 %	1. 92 %
17 ¥	3, 481, 575	● 19. 91 %	11. 95 %
18 ¥	● 5, 543, 031	31. 70 %	19. 02 %
19 ¥	6, 549, 033	37. 45 %	22. 47 %
20 ¥	1, 352, 864	7. 74 %	● 4. 64 %
小計④=¥	17, 485, 245	100 %	
合計=¥	● 29, 141, 075		100 %

※検定試験時の採点箇所は、●印のついた20箇所です。

除算解答（●印1箇所5点×20箇所）

1	● 476	6. 26 %	5. 01 %
2	921	● 12. 11 %	9. 70 %
3	● 5, 093	66. 95 %	53. 64 %
4	802	10. 54 %	8. 45 %
5	315	4. 14 %	● 3. 32 %
小計①=	● 7, 607	100 %	
6	134	● 7. 10 %	1. 41 %
7	● 657	34. 80 %	6. 92 %
8	269	14. 25 %	● 2. 83 %
9	780	41. 31 %	8. 21 %
10	48	● 2. 54 %	0. 51 %
小計②=	1, 888	100 %	
合計=	● 9, 495		100 %
11 ¥	● 213	10. 01 %	1. 60 %
12 ¥	● 508	23. 88 %	3. 83 %
13 ¥	726	● 34. 13 %	5. 47 %
14 ¥	39	1. 83 %	● 0. 29 %
15 ¥	641	30. 14 %	4. 83 %
小計③=¥	● 2, 127	100 %	
16 ¥	960	8. 61 %	● 7. 23 %
17 ¥	● 8, 754	78. 53 %	65. 94 %
18 ¥	105	0. 94 %	0. 79 %
19 ¥	892	8. 00 %	● 6. 72 %
20 ¥	437	● 3. 92 %	3. 29 %
小計④=¥	● 11, 148	100 %	
合計=¥	13, 275		100 %

複合算解答（1題5点×20題）

1	317
2	61, 836
3	92, 752
4	1, 875, 926
5	35, 444, 486
6	8, 647, 254
7	2, 957, 968
8	6, 861, 308
9	137
10	70, 464
11	9, 152
12	1, 331
13	9, 924, 457
14	897
15	88, 288
16	11, 494, 986
17	1, 018, 572
18	267
19	4, 956, 125
20	5, 691

見取算解答（1題10点×10題）

1	¥	293, 958
2	¥	265, 140
3	¥	57, 969
4	¥	237, 078
5	¥	184, 223
6	¥	327, 231
7	¥	324, 720
8	¥	110, 667
9	¥	231, 085
10	¥	185, 221

第13回

■1種目100点を満点とし、各種目とも得点70点以上を合格とする。
■乗算・除算は解答表の●印のついた箇所（1箇所5点、各20箇所）だけを採点する。

乗算解答（●印1箇所5点×20箇所）

1	7, 447, 208	● 44. 28 %	24. 42 %
2	● 2, 782, 129	16. 54 %	9. 12 %
3	● 4, 287, 660	25. 49 %	14. 06 %
4	223, 380	1. 33 %	● 0. 73 %
5	2, 078, 448	12. 36 %	6. 82 %
小計①＝	● 16, 818, 825	100 %	
6	2, 705, 562	● 19. 79 %	8. 87 %
7	889, 430	6. 51 %	● 2. 92 %
8	4, 358, 310	31. 88 %	14. 29 %
9	1, 880, 694	● 13. 76 %	6. 17 %
10	● 3, 837, 537	28. 07 %	12. 59 %
小計②＝	● 13, 671, 533	100 %	
合計＝	30, 490, 358		100 %
11 ¥	● 3, 196, 168	19. 68 %	12. 50 %
12 ¥	3, 845, 604	23. 68 %	● 15. 04 %
13 ¥	1, 502, 948	9. 26 %	● 5. 88 %
14 ¥	6, 748, 620	● 41. 56 %	26. 39 %
15 ¥	● 943, 286	5. 81 %	3. 69 %
小計③＝¥	16, 236, 626	100 %	
16 ¥	1, 790, 552	19. 18 %	● 7. 00 %
17 ¥	● 4, 824, 745	51. 69 %	18. 87 %
18 ¥	● 613, 688	6. 57 %	2. 40 %
19 ¥	1, 123, 500	12. 04 %	4. 39 %
20 ¥	981, 802	● 10. 52 %	3. 84 %
小計④＝¥	● 9, 334, 287	100 %	
合計＝¥	25, 570, 913		100 %

※検定試験時の採点箇所は、●印のついた20箇所です。

除算解答（●印1箇所5点×20箇所）

1	● 375	15. 08 %	5. 67 %
2	498	● 20. 03 %	7. 53 %
3	240	9. 65 %	3. 63 %
4	● 654	26. 31 %	9. 89 %
5	719	28. 92 %	● 10. 87 %
小計①＝	● 2, 486	100 %	
6	967	23. 42 %	● 14. 62 %
7	801	● 19. 40 %	12. 11 %
8	● 503	12. 18 %	7. 60 %
9	32	0. 78 %	0. 48 %
10	1, 826	● 44. 22 %	27. 60 %
小計②＝	4, 129	100 %	
合計＝	● 6, 615		100 %
11 ¥	26	0. 99 %	● 0. 28 %
12 ¥	● 710	27. 09 %	7. 55 %
13 ¥	135	● 5. 15 %	1. 44 %
14 ¥	943	35. 98 %	● 10. 03 %
15 ¥	● 807	30. 79 %	8. 58 %
小計③＝¥	2, 621	100 %	
16 ¥	● 974	14. 36 %	10. 36 %
17 ¥	4, 209	● 62. 04 %	44. 75 %
18 ¥	568	8. 37 %	6. 04 %
19 ¥	● 652	9. 61 %	6. 93 %
20 ¥	381	5. 62 %	● 4. 05 %
小計④＝¥	6, 784	100 %	
合計＝¥	● 9, 405		100 %

複合算解答（1題5点×20題）

1	10, 791
2	16, 441, 755
3	76, 244
4	3, 381, 891
5	29, 630
6	9, 411, 744
7	7, 509
8	682, 176
9	809, 598
10	1, 573, 282
11	861
12	550
13	2, 644, 383
14	905
15	2, 135
16	58, 547, 850
17	160
18	2, 580
19	2, 405, 542
20	6, 066, 939

見取算解答（1題10点×10題）

1	¥	322, 893
2	¥	282, 897
3	¥	119, 730
4	¥	213, 444
5	¥	97, 951
6	¥	272, 808
7	¥	292, 536
8	¥	216, 623
9	¥	302, 895
10	¥	217, 096

第14回

■1種目100点を満点とし、各種目とも得点70点以上を合格とする。
■乗算・除算は解答表の●印のついた箇所（1箇所5点、各20箇所）だけを採点する。

乗算解答（●印1箇所5点×20箇所）

1	2, 328, 004	14. 34 %	8. 41 %
2	● 8, 599, 707	52. 96 %	31. 05 %
3	624, 750	● 3. 85 %	2. 26 %
4	3, 174, 916	19. 55 %	● 11. 46 %
5	● 1, 511, 664	9. 31 %	5. 46 %
小計①＝	● 16, 239, 041	100 %	
6	569, 976	4. 98 %	● 2. 06 %
7	● 3, 862, 209	33. 71 %	13. 95 %
8	816, 926	● 7. 13 %	2. 95 %
9	3, 294, 520	28. 76 %	11. 90 %
10	2, 912, 810	● 25. 43 %	10. 52 %
小計②＝	● 11, 456, 441	100 %	
合計＝	27, 695, 482		100 %
11 ¥	● 2, 107, 445	19. 38 %	7. 34 %
12 ¥	692, 780	● 6. 37 %	2. 41 %
13 ¥	● 2, 217, 060	20. 39 %	7. 72 %
14 ¥	2, 001, 480	18. 41 %	● 6. 97 %
15 ¥	3, 855, 664	35. 46 %	13. 42 %
小計③＝¥	● 10, 874, 429	100 %	
16 ¥	9, 039, 612	50. 63 %	● 31. 46 %
17 ¥	2, 784, 834	15. 60 %	9. 69 %
18 ¥	3, 106, 444	● 17. 40 %	10. 81 %
19 ¥	● 1, 853, 313	10. 38 %	6. 45 %
20 ¥	1, 071, 782	6. 00 %	● 3. 73 %
小計④＝¥	● 17, 855, 985	100 %	
合計＝¥	28, 730, 414		100 %

※検定試験時の採点箇所は、●印のついた20箇所です。

除算解答（●印1箇所5点×20箇所）

1	● 509	27. 26 %	4. 17 %
2	905	48. 47 %	● 7. 42 %
3	163	● 8. 73 %	1. 34 %
4	● 216	11. 57 %	1. 77 %
5	74	3. 96 %	0. 61 %
小計①＝	● 1, 867	100 %	
6	370	● 3. 58 %	3. 03 %
7	8, 237	79. 75 %	● 67. 54 %
8	● 682	6. 60 %	5. 59 %
9	491	● 4. 75 %	4. 03 %
10	548	5. 31 %	4. 49 %
小計②＝	10, 328	100 %	
合計＝	● 12, 195		100 %
11 ¥	807	27. 38 %	9. 01 %
12 ¥	● 12	0. 41 %	0. 13 %
13 ¥	521	17. 68 %	● 5. 82 %
14 ¥	934	● 31. 69 %	10. 43 %
15 ¥	● 673	22. 84 %	7. 52 %
小計③＝¥	2, 947	100 %	
16 ¥	● 418	6. 96 %	4. 67 %
17 ¥	659	10. 97 %	● 7. 36 %
18 ¥	● 240	3. 99 %	2. 68 %
19 ¥	706	● 11. 75 %	7. 88 %
20 ¥	3, 985	66. 33 %	● 44. 50 %
小計④＝¥	6, 008	100 %	
合計＝¥	● 8, 955		100 %

複合算解答（1題5点×20題）

1	4, 146, 984
2	8, 671, 720
3	712
4	1, 481, 038
5	18, 680, 328
6	4, 204, 594
7	1, 768, 377
8	4, 935, 721
9	180
10	201, 915
11	9, 875
12	62, 535
13	7, 015, 575
14	893
15	90, 530
16	35, 286
17	1, 432
18	697
19	6, 952, 382
20	6, 703

見取算解答（1題10点×10題）

1	¥	282, 825
2	¥	279, 072
3	¥	85, 066
4	¥	260, 190
5	¥	224, 679
6	¥	275, 832
7	¥	256, 887
8	¥	165, 759
9	¥	346, 608
10	¥	255, 457

第15回

■1種目100点を満点とし、各種目とも得点70点以上を合格とする。
■乗算・除算は解答表の●印のついた箇所（1箇所5点、各20箇所）だけを採点する。

乗算解答（●印1箇所5点×20箇所）

1	● 1, 580, 420	10. 54 %	6. 26 %
2	2, 258, 595	15. 07 %	● 8. 94 %
3	2, 740, 192	● 18. 28 %	10. 85 %
4	3, 397, 912	22. 67 %	13. 45 %
5	5, 013, 954	33. 45 %	● 19. 85 %
小計①=	● 14, 991, 073	100 %	
6	2, 194, 776	● 21. 38 %	8. 69 %
7	● 3, 789, 680	36. 92 %	15. 01 %
8	967, 156	9. 42 %	● 3. 83 %
9	2, 064, 355	20. 11 %	8. 17 %
10	● 1, 247, 832	12. 16 %	4. 94 %
小計②=	10, 263, 799	100 %	
合計=	● 25, 254, 872		100 %
11 ¥	1, 531, 062	● 15. 02 %	5. 33 %
12 ¥	● 631, 750	6. 20 %	2. 20 %
13 ¥	● 1, 922, 616	18. 86 %	6. 69 %
14 ¥	3, 939, 408	38. 65 %	● 13. 72 %
15 ¥	2, 167, 114	● 21. 26 %	7. 55 %
小計③=¥	10, 191, 950	100 %	
16 ¥	● 7, 333, 164	39. 57 %	25. 53 %
17 ¥	2, 756, 299	● 14. 87 %	9. 60 %
18 ¥	1, 926, 435	10. 40 %	6. 71 %
19 ¥	● 2, 077, 880	11. 21 %	7. 23 %
20 ¥	4, 436, 522	23. 94 %	● 15. 45 %
小計④=¥	18, 530, 300	100 %	
合計=¥	● 28, 722, 250		100 %

※検定試験時の採点箇所は、●印のついた20箇所です。

除算解答（●印1箇所5点×20箇所）

1	902	41. 22 %	● 6. 84 %
2	410	● 18. 74 %	3. 11 %
3	● 563	25. 73 %	4. 27 %
4	37	1. 69 %	● 0. 28 %
5	● 276	12. 61 %	2. 09 %
小計①=	2, 188	100 %	
6	● 739	6. 72 %	5. 60 %
7	8, 501	● 77. 30 %	64. 47 %
8	648	5. 89 %	4. 91 %
9	● 124	1. 13 %	0. 94 %
10	985	8. 96 %	● 7. 47 %
小計②=	● 10, 997	100 %	
合計=	13, 185		100 %
11 ¥	1, 762	● 49. 58 %	28. 58 %
12 ¥	347	9. 76 %	● 5. 63 %
13 ¥	● 516	14. 52 %	8. 37 %
14 ¥	209	● 5. 88 %	3. 39 %
15 ¥	720	20. 26 %	11. 68 %
小計③=¥	● 3, 554	100 %	
16 ¥	581	22. 25 %	9. 42 %
17 ¥	● 634	24. 28 %	10. 28 %
18 ¥	895	34. 28 %	● 14. 52 %
19 ¥	93	● 3. 56 %	1. 51 %
20 ¥	● 408	15. 63 %	6. 62 %
小計④=¥	● 2, 611	100 %	
合計=¥	6, 165		100 %

複合算解答（1題5点×20題）

1	914
2	25, 521
3	95, 232
4	1, 794, 123
5	7, 771, 736
6	2, 595, 528
7	2, 417, 735
8	4, 071, 454
9	64
10	365, 040
11	81, 900
12	692
13	5, 614, 708
14	987
15	17, 809
16	4, 332, 790
17	550, 712
18	964
19	1, 293, 083
20	7, 631

見取算解答（1題10点×10題）

1	¥	278, 523
2	¥	300, 636
3	¥	29, 847
4	¥	236, 493
5	¥	156, 991
6	¥	347, 265
7	¥	342, 486
8	¥	53, 322
9	¥	250, 308
10	¥	130, 264

主催　公益社団法人　全国経理教育協会　　後援　文部科学省

第15回電卓計算能力検定模擬試験

4 級　複合算問題 (制限時間10分)

採点欄

受験番号

No.	
1	(4, 926, 706 − 4, 816) ÷ (5, 802 − 417) =
2	1, 938, 525 ÷ 75 − 291, 118 ÷ 893 =
3	(47, 616 × 5, 952) ÷ (48 × 62) =
4	3, 978 × 451 + 360, 765 ÷ 8, 017 =
5	(237 + 3, 815) × (2, 734 − 816) =
6	(3, 152 − 708) × (419 + 643) =
7	794 × 3, 093 − 719 × 53 =
8	5, 643 × 726 − 1, 826, 208 ÷ 72 =
9	55, 710 ÷ 3, 095 + 2, 175, 570 ÷ 47, 295 =
10	(730, 080 ÷ 156) × (289, 068 ÷ 3, 706) =
11	(225 × 9, 100) ÷ (16, 075 ÷ 643) =
12	(117, 321, 680 ÷ 2, 422) ÷ (493, 010 ÷ 7, 043) =
13	463 × 5, 028 + 7, 192 × 457 =
14	(1, 079, 619 − 71, 892) ÷ (284 + 737) =
15	1, 392, 440 ÷ 56 − 168 × 42 =
16	(1, 024 + 2, 617) × (512 + 678) =
17	(419 − 235) × (3, 617 − 624) =
18	(442, 544 + 839, 576) ÷ (827 + 503) =
19	2, 888, 512 ÷ 704 + 315 × 4, 092 =
20	(3, 607, 087 + 48, 162) ÷ (714 − 235) =

主催　公益社団法人　全国経理教育協会　　後援　文部科学省

第15回電卓計算能力検定模擬試験

４級　見取算問題　（制限時間10分）

採点欄

受験番号

No.	(1)	(2)	(3)	(4)	(5)
1	¥ 91, 082	¥ 4, 957	¥ 65, 094	¥ 3, 754	¥ 40, 713
2	6, 945	69, 380	−218	305	−18, 025
3	2, 657	876	82, 930	41, 982	−487
4	17, 326	1, 492	−7, 843	5, 873	76, 394
5	508	75, 213	4, 185	20, 496	204
6	1, 869	4, 035	−6, 574	39, 120	−2, 956
7	720	8, 065	−90, 342	681	−34, 809
8	85, 436	267	−35, 021	82, 579	9, 136
9	985	546	932	8, 096	532
10	3, 801	13, 809	1, 407	735	−5, 978
11	36, 014	32, 504	−189	617	1, 862
12	20, 394	80, 731	761	514	83, 460
13	571	148	−9, 756	17, 439	619
14	473	692	23, 806	6, 042	−725
15	9, 742	7, 921	675	8, 260	7, 051
計					

No.	(6)	(7)	(8)	(9)	(10)
1	¥ 125	¥ 421	¥ 6, 975	¥ 7, 689	¥ 74, 926
2	430	1, 350	31, 062	273	−8, 431
3	6, 501	25, 643	−239	6, 180	−794
4	8, 265	7, 509	−417	30, 916	6, 105
5	789	90, 246	8, 691	8, 352	53, 012
6	73, 290	812	342	64, 508	456
7	84, 316	4, 738	48, 769	791	−92, 587
8	28, 913	965	136	29, 678	−1, 345
9	90, 638	83, 074	−9, 058	5, 109	−813
10	39, 684	9, 287	−71, 293	453	60, 578
11	542	621	540	13, 064	7, 290
12	7, 154	48, 306	27, 805	8, 247	−683
13	5, 067	1, 795	5, 487	521	24, 069
14	1, 079	539	10, 326	74, 092	172
15	472	67, 180	−5, 804	435	8, 309
計					

主催　公益社団法人　全国経理教育協会　　後援　文部科学省

第15回電卓計算能力検定模擬試験

4級　除算問題　(制限時間10分)

採点欄

(注意) パーセントの小数第2位未満の端数が出たときは四捨五入すること。

【禁無断転載】

受験番号

No.	問題					
1	663, 872	÷	736	=	%	%
2	404, 670	÷	987	=	%	%
3	353, 564	÷	628	=	%	%
4	114, 885	÷	3, 105	=	%	%
5	126, 684	÷	459	=	%	%
	No. 1～No. 5　小計 ①				100 %	
6	370, 239	÷	501	=	%	%
7	195, 523	÷	23	=	%	%
8	544, 320	÷	840	=	%	%
9	94, 736	÷	764	=	%	%
10	189, 120	÷	192	=	%	%
	No. 6～No. 10　小計 ②				100 %	
	(小計 ①＋②) 合計					100 %
11	¥ 121, 578	÷	69	=	%	%
12	¥ 275, 865	÷	795	=	%	%
13	¥ 135, 708	÷	263	=	%	%
14	¥ 100, 529	÷	481	=	%	%
15	¥ 99, 360	÷	138	=	%	%
	No. 11～No. 15　小計 ③				100 %	
16	¥ 175, 462	÷	302	=	%	%
17	¥ 376, 596	÷	594	=	%	%
18	¥ 134, 250	÷	150	=	%	%
19	¥ 751, 068	÷	8, 076	=	%	%
20	¥ 378, 216	÷	927	=	%	%
	No. 16～No. 20　小計 ④				100 %	
	(小計 ③＋④) 合計					100 %

主催　公益社団法人　全国経理教育協会　　後援　文部科学省

第15回電卓計算能力検定模擬試験

4級　乗算問題　（制限時間10分）

採　点　欄

（注意）パーセントの小数第２位未満の端数が出たときは四捨五入すること。

受験番号

No.							
1	4,159	×	380	=		%	%
2	2,841	×	795	=		%	%
3	6,587	×	416	=		%	%
4	376	×	9,037	=		%	%
5	8,074	×	621	=		%	%
	No.1～No.5　小　計 ①					100 %	
6	9,032	×	243	=		%	%
7	7,460	×	508	=		%	%
8	5,623	×	172	=		%	%
9	23,195	×	89	=		%	%
10	1,908	×	654	=		%	%
	No.6～No.10　小　計 ②					100 %	
	(小計 ①＋②) 合　計						100 %
11	￥ 9,451	×	162	=		%	%
12	￥ 1,805	×	350	=		%	%
13	￥ 216	×	8,901	=		%	%
14	￥ 4,752	×	829	=		%	%
15	￥ 50,398	×	43	=		%	%
	No.11～No.15　小　計 ③					100 %	
16	￥ 8,094	×	906	=		%	%
17	￥ 4,327	×	637	=		%	%
18	￥ 7,863	×	245	=		%	%
19	￥ 3,620	×	574	=		%	%
20	￥ 6,179	×	718	=		%	%
	No.16～No.20　小　計 ④					100 %	
	(小計 ③＋④) 合　計						100 %

主催　公益社団法人　全国経理教育協会　　後援　文部科学省

第14回電卓計算能力検定模擬試験

4級　複合算問題　（制限時間10分）

採　点　欄

受験番号

No.	
1	(901 − 375) × (8,376 − 492) =
2	(3,507 + 1,523) × (963 + 761) =
3	(25,664,040 ÷ 801) ÷ (154,125 ÷ 3,425) =
4	3,621 × 409 + 463,540 ÷ 9,460 =
5	(809 + 2,703) × (5,937 − 618) =
6	5,992,551 ÷ 739 + 905 × 4,637 =
7	579 × 3,108 − 465 × 67 =
8	5,913 × 842 − 2,753,600 ÷ 64 =
9	203,154 ÷ 2,073 + 6,179,602 ÷ 75,361 =
10	(682,665 ÷ 213) × (194,796 ÷ 3,092) =
11	(125 × 5,056) ÷ (24,256 ÷ 379) =
12	(58,366 × 4,680) ÷ (78 × 56) =
13	736 × 7,109 + 4,561 × 391 =
14	(1,033,808 − 66,689) ÷ (603 + 480) =
15	17,274,790 ÷ 83 − 420 × 280 =
16	2,595,384 ÷ 72 − 316,576 ÷ 416 =
17	(5,109,129 − 5,481) ÷ (4,295 − 731) =
18	(325,706 + 328,080) ÷ (557 + 381) =
19	(6,974 − 816) × (398 + 731) =
20	(5,442,740 + 87,235) ÷ (999 − 174) =

主催　公益社団法人　全国経理教育協会　　後援　文部科学省

第14回電卓計算能力検定模擬試験

４級　見取算問題　（制限時間10分）

採　点　欄

受験番号

No.	（1）	（2）	（3）	（4）	（5）
1	¥ 84, 170	¥ 81, 097	¥ 36, 098	¥ 58, 309	¥ 2, 398
2	873	946	1, 406	9, 354	61, 759
3	391	145	−9, 475	263	−621
4	68, 102	689	−581	10, 237	−975
5	7, 584	2, 873	−724	792	9, 174
6	14, 507	189	−10, 458	306	−18, 320
7	2, 041	2, 109	−362	5, 810	135
8	673	46, 758	−9, 148	185	647
9	265	5, 320	3, 295	6, 041	5, 028
10	9, 436	60, 457	20, 819	79, 258	−5, 681
11	50, 349	2, 935	−28, 013	9, 485	−403
12	2, 659	362	76, 503	3, 679	50, 396
13	31, 062	57, 304	736	47, 621	90, 864
14	9, 728	14, 076	273	28, 704	−7, 204
15	985	3, 812	4, 697	146	37, 482
計					

No.	（6）	（7）	（8）	（9）	（10）
1	¥ 54, 731	¥ 815	¥ 13, 297	¥ 18, 067	¥ 46, 207
2	9, 248	10, 527	−10, 237	4, 798	−10, 689
3	9, 876	4, 639	3, 605	642	−7, 835
4	60, 752	962	817	1, 586	−356
5	5, 406	86, 309	32, 054	413	75, 093
6	142	9, 745	546	57, 024	2, 184
7	310	32, 014	−2, 748	605	421
8	35, 981	679	9, 608	2, 849	−983
9	829	5, 301	27, 094	70, 235	7, 419
10	18, 367	23, 850	−9, 351	1, 870	−258
11	2, 054	647	−618	89, 736	−9, 610
12	6, 305	5, 738	94, 853	359	85, 472
13	938	284	−416	93, 620	139
14	679	74, 091	6, 270	4, 213	63, 047
15	70, 214	1, 286	985	591	5, 206
計					

主催　公益社団法人　全国経理教育協会　　後援　文部科学省

第14回電卓計算能力検定模擬試験

４級　除算問題　（制限時間10分）

採　点　欄

（注意）パーセントの小数第２位未満の端数が出たときは四捨五入すること。

【禁無断転載】　　受験番号

No.	問題					
1	444, 866	÷	874	=	%	%
2	179, 190	÷	198	=	%	%
3	150, 775	÷	925	=	%	%
4	149, 688	÷	693	=	%	%
5	318, 718	÷	4, 307	=	%	%
	No. 1～No. 5　小　計 ①				100 %	
6	99, 160	÷	268	=	%	%
7	296, 532	÷	36	=	%	%
8	505, 362	÷	741	=	%	%
9	73, 650	÷	150	=	%	%
10	275, 096	÷	502	=	%	%
	No. 6～No. 10　小　計 ②				100 %	
	（小計 ①＋②）合　計					100 %
11	¥ 616, 548	÷	764	=	%	%
12	¥ 109, 632	÷	9, 136	=	%	%
13	¥ 253, 727	÷	487	=	%	%
14	¥ 833, 128	÷	892	=	%	%
15	¥ 404, 473	÷	601	=	%	%
	No. 11～No. 15　小　計 ③				100 %	
16	¥ 146, 300	÷	350	=	%	%
17	¥ 183, 861	÷	279	=	%	%
18	¥ 97, 920	÷	408	=	%	%
19	¥ 88, 250	÷	125	=	%	%
20	¥ 211, 205	÷	53	=	%	%
	No. 16～No. 20　小　計 ④				100 %	
	（小計 ③＋④）合　計					100 %

主催　公益社団法人　全国経理教育協会　　後援　文部科学省

第14回電卓計算能力検定模擬試験

４級　乗算問題　（制限時間10分）

採　点　欄

（注意）パーセントの小数第２位未満の端数が出たときは四捨五入すること。

受験番号

No.							
1	2,867	×	812	=		%	%
2	9,081	×	947	=		%	%
3	3,570	×	175	=		%	%
4	524	×	6,059	=		%	%
5	4,908	×	308	=		%	%
	No.1～No.5　小　計 ①					100 %	
6	23,749	×	24	=		%	%
7	6,513	×	593	=		%	%
8	1,046	×	781	=		%	%
9	7,162	×	460	=		%	%
10	8,935	×	326	=		%	%
	No.6～No.10　小　計 ②					100 %	
	(小計 ①＋②) 合　計						100 %
11	¥ 2,605	×	809	=		%	%
12	¥ 5,170	×	134	=		%	%
13	¥ 49,268	×	45	=		%	%
14	¥ 3,849	×	520	=		%	%
15	¥ 6,352	×	607	=		%	%
	No.11～No.15　小　計 ③					100 %	
16	¥ 926	×	9,762	=		%	%
17	¥ 7,934	×	351	=		%	%
18	¥ 4,153	×	748	=		%	%
19	¥ 8,701	×	213	=		%	%
20	¥ 1,087	×	986	=		%	%
	No.16～No.20　小　計 ④					100 %	
	(小計 ③＋④) 合　計						100 %

主催　公益社団法人　全国経理教育協会　　後援　文部科学省

第13回電卓計算能力検定模擬試験

４級　複合算問題 （制限時間10分）

採　点　欄

受験番号

No.	
1	(218 × 3,069) ÷ (44,392 ÷ 716) =
2	(4,901 + 8,904) × (574 + 617) =
3	(57,183 × 2,300) ÷ (25 × 69) =
4	339 × 6,646 + 1,629 × 693 =
5	1,406,772 ÷ 46 − 290,360 ÷ 305 =
6	(8,265 − 681) × (937 + 304) =
7	(305,612 + 678,067) ÷ (428 − 297) =
8	(2,053,634 ÷ 289) × (180,000 ÷ 1,875) =
9	(963 − 786) × (5,203 − 629) =
10	2,049 × 783 − 2,238,120 ÷ 72 =
11	(4,676,077 − 1,708) ÷ (5,897 − 468) =
12	(186,136,500 ÷ 778) ÷ (267,525 ÷ 615) =
13	4,378 × 604 + 383,187 ÷ 5,397 =
14	(715,390 + 227,620) ÷ (460 + 582) =
15	2,640,538 ÷ 46 − 82 × 674 =
16	(231 + 7,839) × (7,490 − 235) =
17	127,350 ÷ 1,698 + 2,727,735 ÷ 32,091 =
18	(4,195,752 − 1,509,972) ÷ (329 + 712) =
19	7,512,374 ÷ 809 + 436 × 5,496 =
20	653 × 9,375 − 981 × 56 =

主催　公益社団法人　全国経理教育協会　　後援　文部科学省

第13回電卓計算能力検定模擬試験

４級　見取算問題（制限時間10分）

採　点　欄

受験番号

No.	(1)	(2)	(3)	(4)	(5)
1	¥ 306	¥ 2, 178	¥ 106	¥ 23, 015	¥ 51, 403
2	2, 150	512	39, 851	926	−341
3	8, 243	75, 086	86, 739	8, 364	−253
4	873	4, 706	−1, 290	2, 503	−835
5	49, 785	693	−5, 631	738	63, 792
6	3, 598	27, 531	−783	402	8, 976
7	61, 920	9, 420	23, 405	16, 978	−5, 847
8	231	904	−548	9, 845	2, 059
9	74, 012	10, 365	−4, 962	60, 729	702
10	5, 367	3, 257	60, 324	5, 190	−4, 298
11	942	384	−617	34, 659	7, 180
12	518	419	8, 195	41, 280	164
13	96, 475	58, 923	7, 024	817	19, 567
14	10, 869	81, 640	487	567	46, 310
15	7, 604	6, 879	−92, 570	7, 431	−90, 628
計					

No.	(6)	(7)	(8)	(9)	(10)
1	¥ 2, 395	¥ 76, 034	¥ 27, 690	¥ 5, 948	¥ 29, 376
2	9, 718	5, 867	5, 974	751	4, 208
3	542	956	136	40, 679	875
4	8, 019	68, 792	38, 219	8, 420	−35, 910
5	965	9, 480	4, 725	586	−1, 634
6	63, 150	329	−932	73, 265	−401
7	34, 521	81, 645	80, 526	1, 034	97, 183
8	81, 432	4, 108	−6, 304	693	2, 860
9	746	283	−589	92, 507	−651
10	367	12, 370	71, 853	6, 312	70, 546
11	5, 870	3, 519	9, 460	135	−8, 294
12	16, 903	471	687	27, 890	−739
13	40, 689	20, 965	−12, 075	4, 728	53, 092
14	207	7, 213	−3, 148	801	6, 458
15	7, 284	504	401	39, 146	127
計					

主催　公益社団法人　全国経理教育協会　　後援　文部科学省

第13回電卓計算能力検定模擬試験

４級　除算問題　(制限時間10分)

採　点　欄

(注意) パーセントの小数第２位未満の端数が出たときは四捨五入すること。

【禁無断転載】

受験番号

No.	問題						
1		136,500	÷	364	=	%	%
2		75,696	÷	152	=	%	%
3		162,960	÷	679	=	%	%
4		136,032	÷	208	=	%	%
5		704,620	÷	980	=	%	%
No.1～No.5　小計 ①						100 %	
6		689,471	÷	713	=	%	%
7		437,346	÷	546	=	%	%
8		249,991	÷	497	=	%	%
9		73,632	÷	2,301	=	%	%
10		155,210	÷	85	=	%	%
No.6～No.10　小計 ②						100 %	
(小計 ①＋②) 合計							100 %
11	¥	182,754	÷	7,029	=	%	%
12	¥	310,270	÷	437	=	%	%
13	¥	40,635	÷	301	=	%	%
14	¥	579,945	÷	615	=	%	%
15	¥	599,601	÷	743	=	%	%
No.11～No.15　小計 ③						100 %	
16	¥	151,944	÷	156	=	%	%
17	¥	387,228	÷	92	=	%	%
18	¥	490,752	÷	864	=	%	%
19	¥	389,896	÷	598	=	%	%
20	¥	106,680	÷	280	=	%	%
No.16～No.20　小計 ④						100 %	
(小計 ③＋④) 合計							100 %

主催　公益社団法人　全国経理教育協会　　後援　文部科学省

第13回電卓計算能力検定模擬試験

４級　乗算問題　（制限時間10分）

採　点　欄

【禁無断転載】

（注意）パーセントの小数第２位未満の端数が出たときは四捨五入すること。

受験番号

No.							
1	7,864	×	947	＝		%	%
2	52,493	×	53	＝		%	%
3	9,321	×	460	＝		%	%
4	2,190	×	102	＝		%	%
5	8,056	×	258	＝		%	%
No.1～No.5　小　計 ①						100 %	
6	3,078	×	879	＝		%	%
7	145	×	6,134	＝		%	%
8	6,182	×	705	＝		%	%
9	5,769	×	326	＝		%	%
10	4,307	×	891	＝		%	%
No.6～No.10　小　計 ②						100 %	
（小計 ①＋②）合　計							100 %
11	￥ 536	×	5,963	＝		%	%
12	￥ 8,079	×	476	＝		%	%
13	￥ 1,604	×	937	＝		%	%
14	￥ 9,852	×	685	＝		%	%
15	￥ 4,327	×	218	＝		%	%
No.11～No.15　小　計 ③						100 %	
16	￥ 2,173	×	824	＝		%	%
17	￥ 6,805	×	709	＝		%	%
18	￥ 14,968	×	41	＝		%	%
19	￥ 7,490	×	150	＝		%	%
20	￥ 3,251	×	302	＝		%	%
No.16～No.20　小　計 ④						100 %	
（小計 ③＋④）合　計							100 %

主催　公益社団法人　全国経理教育協会　　後援　文部科学省

第12回電卓計算能力検定模擬試験

４級　複合算問題　（制限時間10分）

採　点　欄

受験番号 ＿＿＿＿＿＿

No.	
1	(2,773,765 − 6,038) ÷ (9,462 − 731) =
2	3,043,096 ÷ 49 − 224,316 ÷ 837 =
3	(46,376 × 4,216) ÷ (62 × 34) =
4	3,805 × 493 + 543,083 ÷ 8,903 =
5	(520 + 6,718) × (5,731 − 834) =
6	(6,984 − 378) × (852 + 457) =
7	936 × 3,217 − 728 × 73 =
8	9,726 × 714 − 6,561,424 ÷ 79 =
9	318,237 ÷ 5,217 + 4,632,732 ÷ 60,957 =
10	(775,104 ÷ 704) × (379,584 ÷ 5,931) =
11	(104 × 4,576) ÷ (33,228 ÷ 639) =
12	(96,059,601 ÷ 891) ÷ (453,519 ÷ 5,599) =
13	725 × 8,237 + 8,392 × 471 =
14	(1,354,832 − 98,135) ÷ (438 + 963) =
15	6,470,064 ÷ 68 − 35 × 196 =
16	(3,815 + 4,246) × (924 + 502) =
17	(439 − 235) × (5,839 − 846) =
18	(63,900 + 239,145) ÷ (697 + 438) =
19	3,035,559 ÷ 501 + 537 × 9,218 =
20	(2,338,296 + 80,379) ÷ (892 − 467) =

主催　公益社団法人　全国経理教育協会　　後援　文部科学省

第12回電卓計算能力検定模擬試験

４級　見取算問題　（制限時間10分）

採　点　欄

【禁無断転載】

受験番号

No.	(1)	(2)	(3)	(4)	(5)
1	¥ 528	¥ 14, 562	¥ 5, 486	¥ 23, 514	¥ 8, 974
2	9, 607	813	20, 745	1, 860	302
3	4, 390	5, 018	169	697	−8, 407
4	851	294	−9, 687	2, 078	−265
5	16, 749	96, 785	−10, 534	681	−74, 196
6	258	63, 827	−7, 321	142	46, 532
7	46, 502	102	−46, 792	68, 235	90, 643
8	2, 681	549	−542	894	−3, 879
9	1, 063	20, 739	978	7, 013	7, 591
10	74, 396	2, 067	8, 023	49, 537	50, 148
11	53, 089	4, 931	−3, 612	54, 396	302
12	1, 734	7, 405	37, 019	853	−637
13	80, 912	38, 016	−901	9, 502	65, 281
14	725	358	580	7, 209	2, 019
15	473	9, 674	64, 358	10, 467	−185
計					

No.	(6)	(7)	(8)	(9)	(10)
1	¥ 5, 821	¥ 189	¥ 6, 781	¥ 3, 092	¥ 953
2	9, 250	4, 701	−5, 309	867	17, 829
3	94, 680	36, 294	28, 930	1, 354	−3, 480
4	7, 032	7, 612	3, 045	246	81, 024
5	416	350	69, 714	60, 473	−746
6	719	85, 049	823	139	−9, 675
7	13, 792	972	472	4, 708	70, 914
8	568	1, 463	−415	26, 480	508
9	738	70, 825	39, 256	398	−4, 962
10	40, 691	537	−1, 069	45, 067	−231
11	6, 845	49, 016	−74, 382	915	−37, 025
12	82, 357	3, 287	801	53, 826	1, 603
13	374	658	1, 678	9, 107	62, 489
14	62, 905	2, 409	40, 598	16, 892	857
15	1, 043	61, 358	−256	7, 521	5, 163
計					

主催　公益社団法人　全国経理教育協会　　後援　文部科学省

第12回電卓計算能力検定模擬試験

４級　除算問題　（制限時間10分）

採点欄

（注意）パーセントの小数第２位未満の端数が出たときは四捨五入すること。

受験番号

No.		÷		=		
1	67,592	÷	142	=	%	%
2	795,744	÷	864	=	%	%
3	397,254	÷	78	=	%	%
4	414,634	÷	517	=	%	%
5	135,135	÷	429	=	%	%
No.1～No.5　小　計 ①					100 %	
6	89,914	÷	671	=	%	%
7	133,371	÷	203	=	%	%
8	263,620	÷	980	=	%	%
9	308,100	÷	395	=	%	%
10	241,728	÷	5,036	=	%	%
No.6～No.10　小　計 ②					100 %	
(小計 ①＋②) 合　計						100 %
11	¥ 171,465	÷	805	=	%	%
12	¥ 218,440	÷	430	=	%	%
13	¥ 694,782	÷	957	=	%	%
14	¥ 47,112	÷	1,208	=	%	%
15	¥ 444,854	÷	694	=	%	%
No.11～No.15　小　計 ③					100 %	
16	¥ 328,320	÷	342	=	%	%
17	¥ 446,454	÷	51	=	%	%
18	¥ 82,845	÷	789	=	%	%
19	¥ 145,396	÷	163	=	%	%
20	¥ 120,612	÷	276	=	%	%
No.16～No.20　小　計 ④					100 %	
(小計 ③＋④) 合　計						100 %

主催　公益社団法人　全国経理教育協会　　後援　文部科学省

第12回電卓計算能力検定模擬試験

4級　乗算問題　(制限時間10分)

採点欄

【禁無断転載】

(注意) パーセントの小数第2位未満の端数が出たときは四捨五入すること。

受験番号

No.							
1	6,348	×	907	=		%	%
2	723	×	1,025	=		%	%
3	5,186	×	682	=		%	%
4	2,604	×	358	=		%	%
5	4,597	×	240	=		%	%
No.1〜No.5　小　計 ①						100 %	
6	2,719	×	571	=		%	%
7	8,035	×	736	=		%	%
8	3,081	×	614	=		%	%
9	17,962	×	89	=		%	%
10	9,540	×	493	=		%	%
No.6〜No.10　小　計 ②						100 %	
(小計 ①＋②) 合　計							100 %
11	¥ 78,930	×	34	=		%	%
12	¥ 8,652	×	156	=		%	%
13	¥ 2,764	×	503	=		%	%
14	¥ 4,103	×	692	=		%	%
15	¥ 7,219	×	470	=		%	%
No.11〜No.15　小　計 ③						100 %	
16	¥ 146	×	3,827	=		%	%
17	¥ 3,805	×	915	=		%	%
18	¥ 6,591	×	841	=		%	%
19	¥ 9,237	×	709	=		%	%
20	¥ 5,048	×	268	=		%	%
No.16〜No.20　小　計 ④						100 %	
(小計 ③＋④) 合　計							100 %

主催　公益社団法人　全国経理教育協会　　後援　文部科学省

第11回電卓計算能力検定模擬試験

４級　複合算問題　（制限時間10分）

採　点　欄

受験番号

No.	
1	36, 879, 688 ÷ 5, 732 ＋ 56, 496, 317 ÷ 8, 273 ＝
2	12, 893, 311 ÷ 6, 437 ＋ 9, 516 × 4, 082 ＝
3	(5, 182 ＋ 3, 056) × (229 × 290) ＝
4	6, 739 × 9, 372 － 82, 283, 041 ÷ 9, 071 ＝
5	(60, 248, 730 ＋ 12, 201, 918) ÷ (8, 365 － 347) ＝
6	3, 052 × 9, 385 － 35, 915, 484 ÷ 5, 764 ＝
7	(219, 363, 696 ÷ 619) ÷ (329, 132 ÷ 769) ＝
8	(75, 634, 018 － 23, 091, 458) ÷ (4, 387 ＋ 1, 068) ＝
9	(71, 456, 169 ÷ 9, 871) × (46, 330, 983 ÷ 7, 081) ＝
10	(851, 361 ÷ 571) × (122, 364 ÷ 594) ＝
11	53, 008, 384 ÷ 704 － 12 × 208 ＝
12	(39, 145, 215 ＋ 48, 069, 137) ÷ (9, 385 ＋ 8, 142) ＝
13	(4, 573 ＋ 8, 615) ＋ 5, 768 × 4, 056 ＝
14	(1, 157 ＋ 7, 043) × (79, 283 ＋ 16, 217) ＝
15	(27, 083, 497 ＋ 32, 755, 493) ÷ (67, 065, 710 ÷ 9, 206) ＝
16	4, 925 × 8, 670 － 2, 348 × 1, 095 ＝
17	(8, 763, 946 － 4, 781, 359) ÷ (7, 321 － 650) ＝
18	9, 654 × 1, 760 ＋ 64, 822, 376 ÷ 6, 593 ＝
19	(96, 283 － 2, 646) × (7, 869 － 709) ＝
20	(6, 820 － 1, 394) × (170 × 385) ＝

主催　公益社団法人　全国経理教育協会　　後援　文部科学省

第11回電卓計算能力検定模擬試験

４級　見取算問題（制限時間10分）

採　点　欄

受験番号

No.	（1）	（2）	（3）	（4）	（5）
1	¥ 412	¥ 37, 051	¥ 68, 795	¥ 708	¥ 2, 573
2	54, 026	8, 354	−569	148	90, 836
3	3, 504	860	−7, 490	36, 950	351
4	6, 392	9, 735	152	94, 267	29, 156
5	2, 851	4, 792	−817	2, 514	−3, 207
6	9, 713	948	−4, 281	13, 689	48, 712
7	75, 634	56, 180	−30, 524	8, 431	109
8	867	2, 473	1, 376	520	−87, 045
9	708	267	92, 013	297	74, 392
10	17, 429	10, 386	640	9, 075	−718
11	590	73, 519	3, 807	5, 473	5, 430
12	30, 179	624	5, 061	7, 306	−1, 689
13	248	401	−29, 748	862	648
14	61, 985	5, 902	86, 354	41, 985	−960
15	8, 063	61, 829	−932	60, 123	−6, 524
計					

No.	（6）	（7）	（8）	（9）	（10）
1	¥ 98, 173	¥ 753	¥ 70, 563	¥ 80, 379	¥ 5, 406
2	893	26, 094	8, 315	4, 231	617
3	2, 098	5, 847	679	605	18, 492
4	284	308	−26, 084	91, 784	7, 169
5	59, 806	67, 125	3, 710	3, 617	−970
6	642	4, 931	4, 921	240	−6, 015
7	3, 721	13, 872	148	7, 016	32, 648
8	567	650	97, 230	48, 592	−721
9	1, 462	2, 563	−5, 047	149	80, 937
10	87, 435	70, 698	−784	6, 320	−1, 284
11	6, 150	9, 201	32, 894	853	−379
12	970	486	−435	59, 067	−24, 853
13	4, 301	31, 940	−1, 209	2, 738	502
14	40, 359	8, 419	69, 852	925	43, 856
15	75, 216	527	561	15, 468	9, 035
計					

主催　公益社団法人　全国経理教育協会　　後援　文部科学省

第11回電卓計算能力検定模擬試験

４級　除算問題　（制限時間10分）

（注意）パーセントの小数第２位未満の端数が出たときは四捨五入すること。

【禁無断転載】

受験番号

採点欄

No.							
1	299, 782	÷	3, 059	=		%	%
2	389, 383	÷	463	=		%	%
3	191, 995	÷	817	=		%	%
4	591, 260	÷	940	=		%	%
5	88, 704	÷	126	=		%	%
No. 1～No. 5　小　計 ①						100 %	
6	715, 008	÷	784	=		%	%
7	218, 960	÷	391	=		%	%
8	97, 695	÷	65	=		%	%
9	80, 496	÷	208	=		%	%
10	272, 272	÷	572	=		%	%
No. 6～No. 10　小　計 ②						100 %	
(小計 ①＋②) 合　計							100 %
11	¥ 727, 414	÷	907	=		%	%
12	¥ 265, 351	÷	83	=		%	%
13	¥ 456, 890	÷	610	=		%	%
14	¥ 80, 634	÷	178	=		%	%
15	¥ 145, 256	÷	542	=		%	%
No. 11～No. 15　小　計 ③						100 %	
16	¥ 388, 331	÷	431	=		%	%
17	¥ 654, 284	÷	8, 609	=		%	%
18	¥ 205, 416	÷	324	=		%	%
19	¥ 47, 360	÷	256	=		%	%
20	¥ 413, 400	÷	795	=		%	%
No. 16～No. 20　小　計 ④						100 %	
(小計 ③＋④) 合　計							100 %

主催　公益社団法人　全国経理教育協会　　後援　文部科学省

第11回電卓計算能力検定模擬試験

４級　乗算問題　（制限時間10分）

採点欄

（注意）パーセントの小数第２位未満の端数が出たときは四捨五入すること。

【禁無断転載】

受験番号

No.							
1	5,093	×	476	=		%	%
2	3,140	×	285	=		%	%
3	2,486	×	634	=		%	%
4	679	×	7,013	=		%	%
5	8,952	×	921	=		%	%
No.1～No.5　小　計 ①						100 %	
6	6,204	×	159	=		%	%
7	7,318	×	890	=		%	%
8	4,527	×	307	=		%	%
9	16,035	×	48	=		%	%
10	9,871	×	562	=		%	%
No.6～No.10　小　計 ②						100 %	
（小計 ①＋②）合　計							100 %
11	¥ 2,341	×	408	=		%	%
12	¥ 97,106	×	19	=		%	%
13	¥ 3,649	×	961	=		%	%
14	¥ 4,268	×	750	=		%	%
15	¥ 8,057	×	823	=		%	%
No.11～No.15　小　計 ③						100 %	
16	¥ 1,824	×	397	=		%	%
17	¥ 795	×	2,784	=		%	%
18	¥ 5,832	×	145	=		%	%
19	¥ 9,013	×	602	=		%	%
20	¥ 6,570	×	536	=		%	%
No.16～No.20　小　計 ④						100 %	
（小計 ③＋④）合　計							100 %

主催　公益社団法人　全国経理教育協会　　後援　文部科学省

第10回電卓計算能力検定模擬試験

4級　複合算問題　（制限時間10分）

採　点　欄

受験番号

No.	
1	(82,399,382 − 32,016,546) ÷ (4,290 + 1,954) =
2	(7,598 − 4,302) × (235 × 448) =
3	35,610,161 ÷ 893 − 23 × 164 =
4	(35,882,697 ÷ 2,749) × (45,009,219 ÷ 9,851) =
5	(9,584 + 1,679) + 6,013 × 2,156 =
6	(1,976 + 6,424) × (20,361 + 54,639) =
7	62,150,232 ÷ 7,548 + 8,634 × 2,150 =
8	(8,092,358 − 4,373,830) ÷ (6,908 − 792) =
9	(5,263 + 2,918) × (108 × 315) =
10	57,812,589 ÷ 9,621 + 16,559,701 ÷ 8,027 =
11	(272,489 ÷ 581) × (974,169 ÷ 987) =
12	(47,365 − 1,807) × (9,732 − 4,168) =
13	7,246 × 6,012 − 32,848,946 ÷ 5,473 =
14	(15,783,190 + 35,748,474) ÷ (7,405 − 369) =
15	4,701 × 9,837 + 36,266,547 ÷ 7,941 =
16	(221,839,340 ÷ 515) ÷ (390,076 ÷ 863) =
17	6,857 × 8,136 − 78,056,672 ÷ 8,672 =
18	9,263 × 6,895 − 1,327 × 2,986 =
19	(34,232,225 + 76,905,403) ÷ (8,724 + 6,130) =
20	(22,584,384 + 56,173,826) ÷ (52,985,790 ÷ 6,435) =

主催　公益社団法人　全国経理教育協会　　後援　文部科学省

第10回電卓計算能力検定模擬試験

４級　見取算問題　（制限時間10分）

採　点　欄

受験番号

No.	（1）	（2）	（3）	（4）	（5）
1	¥ 182	¥ 96, 403	¥ 859	¥ 4, 107	¥ 9, 802
2	95, 032	638	7, 208	65, 318	−864
3	40, 728	8, 567	−5, 431	824	32, 158
4	745	60, 294	42, 197	739	271
5	3, 591	136	−30, 526	90, 286	−6, 290
6	1, 206	924	9, 370	504	496
7	56, 417	25, 019	−483	8, 461	685
8	384	3, 048	−1, 065	76, 095	70, 934
9	69, 853	7, 905	−28, 015	2, 038	28, 739
10	8, 047	54, 821	−679	17, 925	−13, 720
11	529	586	−912	3, 672	81, 057
12	976	2, 370	83, 740	9, 457	−316
13	4, 601	1, 752	14, 756	193	4, 561
14	2, 163	713	264	342	−5, 049
15	87, 930	49, 187	6, 398	51, 680	−7, 543
計					

No.	（6）	（7）	（8）	（9）	（10）
1	¥ 926	¥ 31, 654	¥ 2, 670	¥ 9, 103	¥ 1, 280
2	86, 072	172	75, 024	62, 894	70, 946
3	53, 796	7, 063	−873	471	−834
4	24, 517	69, 415	945	1, 908	−3, 189
5	463	527	51, 382	78, 250	29, 078
6	9, 031	4, 290	798	374	−723
7	5, 219	984	8, 037	20, 546	57, 410
8	1, 805	13, 026	39, 120	5, 967	8, 649
9	68, 209	6, 843	−536	852	−257
10	40, 891	239	6, 495	46, 785	−15, 698
11	658	95, 760	−97, 156	3, 016	−4, 361
12	2, 753	8, 319	−4, 862	635	506
13	7, 430	758	214	84, 092	92, 351
14	384	40, 581	10, 689	7, 319	6, 032
15	147	2, 807	−3, 401	123	475
計					

主催　公益社団法人　全国経理教育協会　　後援　文部科学省

第10回電卓計算能力検定模擬試験

４級　除算問題　（制限時間10分）

採　点　欄

（注意）パーセントの小数第２位未満の端数が出たときは四捨五入すること。

受験番号

No.	問題						
1	84, 399	÷	21	=		%	%
2	828, 380	÷	970	=		%	%
3	667, 706	÷	842	=		%	%
4	75, 330	÷	465	=		%	%
5	119, 714	÷	503	=		%	%
	No. 1～No. 5　小　計 ①					100 %	
6	199, 800	÷	296	=		%	%
7	352, 359	÷	357	=		%	%
8	195, 534	÷	639	=		%	%
9	291, 428	÷	7, 108	=		%	%
10	95, 680	÷	184	=		%	%
	No. 6～No. 10　小　計 ②					100 %	
	（小計 ①＋②）合　計						100 %
11	¥ 465, 276	÷	609	=		%	%
12	¥ 550, 240	÷	5, 792	=		%	%
13	¥ 388, 167	÷	481	=		%	%
14	¥ 90, 111	÷	147	=		%	%
15	¥ 237, 380	÷	830	=		%	%
	No. 11～No. 15　小　計 ③					100 %	
16	¥ 99, 762	÷	78	=		%	%
17	¥ 70, 992	÷	204	=		%	%
18	¥ 826, 232	÷	916	=		%	%
19	¥ 253, 350	÷	563	=		%	%
20	¥ 172, 575	÷	325	=		%	%
	No. 16～No. 20　小　計 ④					100 %	
	（小計 ③＋④）合　計						100 %

主催　公益社団法人　全国経理教育協会　　後援　文部科学省

第10回電卓計算能力検定模擬試験

４級　乗算問題　（制限時間10分）

採点欄

（注意）パーセントの小数第２位未満の端数が出たときは四捨五入すること。

受験番号

No.							
1	20, 136	×	38	=		%	%
2	5, 690	×	529	=		%	%
3	3, 784	×	406	=		%	%
4	6, 451	×	143	=		%	%
5	8, 279	×	712	=		%	%
	No. 1～No. 5　小　計 ①					100 %	
6	7, 065	×	395	=		%	%
7	1, 523	×	280	=		%	%
8	4, 308	×	907	=		%	%
9	897	×	6, 574	=		%	%
10	9, 142	×	861	=		%	%
	No. 6～No. 10　小　計 ②					100 %	
	(小計 ①＋②) 合　計						100 %
11	¥ 8, 052	×	256	=		%	%
12	¥ 576	×	9, 301	=		%	%
13	¥ 6, 109	×	748	=		%	%
14	¥ 2, 314	×	420	=		%	%
15	¥ 4, 873	×	163	=		%	%
	No. 11～No. 15　小　計 ③					100 %	
16	¥ 1, 840	×	317	=		%	%
17	¥ 3, 591	×	504	=		%	%
18	¥ 46, 025	×	69	=		%	%
19	¥ 9, 237	×	982	=		%	%
20	¥ 7, 968	×	875	=		%	%
	No. 16～No. 20　小　計 ④					100 %	
	(小計 ③＋④) 合　計						100 %

主催　公益社団法人　全国経理教育協会　　後援　文部科学省

第９回電卓計算能力検定模擬試験

４級　複合算問題　（制限時間10分）

採点欄

受験番号

No.	
1	(86, 732 − 3, 048) × (7, 984 − 1, 006) =
2	(44, 028, 176 ＋ 10, 685, 146) ÷ (35, 418, 023 ÷ 5, 861) =
3	(39, 728, 460 ＋ 54, 013, 797) ÷ (7, 684 ＋ 6, 015) =
4	9, 206 × 9, 749 − 53, 353, 998 ÷ 7, 346 =
5	7, 684 × 9, 015 − 23, 787, 491 ÷ 4, 537 =
6	(21, 982, 548 ＋ 44, 972, 320) ÷ (9, 260 − 234) =
7	(7, 867 − 4, 250) × (126 × 308) =
8	(2, 634 ＋ 6, 585) × (240 × 162) =
9	39, 621, 830 ÷ 862 − 16 × 340 =
10	(83, 585, 973 − 20, 638, 473) ÷ (4, 305 ＋ 2, 570) =
11	(5, 391, 461 − 2, 611, 824) ÷ (4, 082 − 729) =
12	(489, 909 ÷ 861) × (557, 179 ÷ 581) =
13	(5, 602 ＋ 1, 798) × (33, 463 ＋ 41, 537) =
14	(4, 381 ＋ 8, 526) ＋ 9, 057 × 3, 219 =
15	8, 243 × 7, 351 − 829 × 405 =
16	91, 320, 247 ÷ 5, 843 ＋ 4, 325 × 6, 918 =
17	61, 150, 195 ÷ 7, 639 ＋ 60, 565, 248 ÷ 8, 672 =
18	(169, 103, 088 ÷ 302) ÷ (617, 211 ÷ 873) =
19	(37, 715, 139 ÷ 6, 047) × (57, 292, 737 ÷ 9, 183) =
20	6, 245 × 7, 014 ＋ 83, 079, 552 ÷ 9, 264 =

主催　公益社団法人　全国経理教育協会　　後援　文部科学省

第９回電卓計算能力検定模擬試験

４級　見取算問題　（制限時間10分）

採点欄

【禁無断転載】

受験番号

No.	（１）	（２）	（３）	（４）	（５）
1	¥ 384	¥ 7, 420	¥ 47, 293	¥ 83, 045	¥ 90, 325
2	96, 025	38, 704	−782	7, 653	−3, 954
3	27, 510	561	481	491	4, 027
4	891	5, 381	3, 058	572	6, 413
5	5, 467	80, 943	−6, 935	6, 780	75, 061
6	68, 912	875	−14, 670	9, 378	−965
7	9, 803	9, 178	−369	34, 501	−736
8	254	62, 547	−21, 604	159	172
9	1, 640	632	−5, 138	60, 932	2, 108
10	70, 138	4, 906	945	824	−248
11	653	46, 150	50, 862	18, 369	589
12	726	23, 019	9, 547	41, 620	−8, 630
13	3, 471	297	−8, 790	2, 407	41, 670
14	4, 397	352	72, 013	5, 296	−59, 284
15	82, 509	1, 869	126	718	37, 891
計					

No.	（６）	（７）	（８）	（９）	（10）
1	¥ 10, 462	¥ 60, 741	¥ 1, 057	¥ 453	¥ 319
2	41, 907	2, 638	62, 598	79, 104	80, 572
3	2, 730	913	−926	8, 592	6, 425
4	97, 680	87, 450	374	216	−763
5	3, 216	3, 825	85, 403	57, 081	28, 910
6	521	782	7, 136	6, 327	−5, 476
7	758	46, 539	417	978	−193
8	845	9, 014	−18, 690	83, 160	34, 207
9	8, 501	671	9, 345	1, 423	−9, 150
10	5, 873	28, 059	862	734	−681
11	24, 067	5, 240	20, 913	30, 689	−43, 867
12	983	186	−3, 241	4, 205	7, 034
13	394	74, 302	−759	546	298
14	6, 139	1, 965	56, 082	95, 861	52, 609
15	69, 425	397	−4, 870	2, 790	1, 845
計					

主催　公益社団法人　全国経理教育協会　　後援　文部科学省

第9回電卓計算能力検定模擬試験

4級　除算問題　(制限時間10分)

採点欄

(注意) パーセントの小数第2位未満の端数が出たときは四捨五入すること。

【禁無断転載】

受験番号

No.	問題					
1	450, 712	÷	8, 504	=	%	%
2	313, 040	÷	520	=	%	%
3	179, 832	÷	472	=	%	%
4	97, 371	÷	349	=	%	%
5	89, 610	÷	618	=	%	%
	No. 1～No. 5　小計 ①				100 %	
6	135, 897	÷	291	=	%	%
7	200, 796	÷	87	=	%	%
8	97, 104	÷	136	=	%	%
9	863, 268	÷	903	=	%	%
10	680, 850	÷	765	=	%	%
	No. 6～No. 10　小計 ②				100 %	
	(小計 ①＋②) 合計					100 %
11	¥ 171, 616	÷	248	=	%	%
12	¥ 674, 707	÷	739	=	%	%
13	¥ 229, 830	÷	326	=	%	%
14	¥ 80, 478	÷	51	=	%	%
15	¥ 567, 120	÷	680	=	%	%
	No. 11～No. 15　小計 ③				100 %	
16	¥ 219, 186	÷	594	=	%	%
17	¥ 346, 724	÷	812	=	%	%
18	¥ 91, 418	÷	1, 063	=	%	%
19	¥ 81, 807	÷	407	=	%	%
20	¥ 526, 500	÷	975	=	%	%
	No. 16～No. 20　小計 ④				100 %	
	(小計 ③＋④) 合計					100 %

主催　公益社団法人　全国経理教育協会　　後援　文部科学省

第9回電卓計算能力検定模擬試験

4級　乗算問題 (制限時間10分)

採点欄

【禁無断転載】

(注意) パーセントの小数第2位未満の端数が出たときは四捨五入すること。

受験番号

No.							
1	814	×	9,703	=		%	%
2	3,760	×	642	=		%	%
3	7,391	×	496	=		%	%
4	5,428	×	285	=		%	%
5	2,905	×	318	=		%	%
	No.1～No.5　小　計 ①					100 %	
6	6,513	×	134	=		%	%
7	8,207	×	809	=		%	%
8	40,632	×	27	=		%	%
9	1,749	×	561	=		%	%
10	9,856	×	750	=		%	%
	No.6～No.10　小　計 ②					100 %	
	(小計 ①＋②) 合　計						100 %
11	¥ 4,508	×	183	=		%	%
12	¥ 9,276	×	420	=		%	%
13	¥ 2,481	×	601	=		%	%
14	¥ 51,043	×	95	=		%	%
15	¥ 3,697	×	598	=		%	%
	No.11～No.15　小　計 ③					100 %	
16	¥ 7,012	×	239	=		%	%
17	¥ 6,730	×	872	=		%	%
18	¥ 584	×	6,157	=		%	%
19	¥ 8,329	×	746	=		%	%
20	¥ 1,965	×	304	=		%	%
	No.16～No.20　小　計 ④					100 %	
	(小計 ③＋④) 合　計						100 %

主催　公益社団法人　全国経理教育協会　　後援　文部科学省

第８回電卓計算能力検定模擬試験

４級　複合算問題　（制限時間10分）

採点欄

【禁無断転載】

受験番号

No.	
1	(78, 627, 961 − 10, 645, 981) ÷ (6, 170 ＋ 2, 296) ＝
2	(6, 083 − 4, 246) × (204 × 198) ＝
3	(5, 643, 017 ÷ 659) × (8, 857, 449 ÷ 981) ＝
4	4, 467, 568 ÷ 791 ＋ 3, 452, 652 ÷ 756 ＝
5	4, 105 × 6, 927 ＋ 78, 349, 688 ÷ 8, 692 ＝
6	(1, 872 ＋ 5, 928) × (10, 836 ＋ 54, 164) ＝
7	(38, 224, 464 ＋ 20, 834, 760) ÷ (41, 666, 184 ÷ 4, 863) ＝
8	(6, 777, 513 − 1, 562, 385) ÷ (7, 896 − 530) ＝
9	(2, 038 ＋ 3, 462) × (462 × 390) ＝
10	(99, 991 − 953) × (9, 461 − 1, 058) ＝
11	(551, 177 ÷ 979) × (496, 281 ÷ 629) ＝
12	8, 223, 656 ÷ 826 − 23 × 305 ＝
13	9, 482 × 5, 837 − 10, 932, 528 ÷ 6, 492 ＝
14	(22, 020, 409 ＋ 40, 271, 834) ÷ (6, 870 − 187) ＝
15	(9, 634 ＋ 8, 075) ＋ 9, 173 × 2, 085 ＝
16	(83, 759, 130 ÷ 234) ÷ (519, 645 ÷ 707) ＝
17	5, 269 × 7, 483 − 89, 348, 187 ÷ 9, 281 ＝
18	79, 635 × 3, 982 − 145 × 219 ＝
19	(33, 420, 486 ＋ 21, 783, 450) ÷ (3, 879 ＋ 4, 153) ＝
20	12, 898, 530 ÷ 6, 498 ＋ 5, 467 × 854 ＝

主催　公益社団法人　全国経理教育協会　　後援　文部科学省

第８回電卓計算能力検定模擬試験

４級　見取算問題　（制限時間10分）

採　点　欄

【禁無断転載】

受験番号

No.	(1)	(2)	(3)	(4)	(5)
1	¥ 517	¥ 26, 705	¥ 51, 890	¥ 1, 860	¥ 836
2	378	450	4, 726	72, 104	−794
3	2, 806	529	−172	297	50, 378
4	9, 237	7, 631	−38, 204	69, 521	47, 029
5	7, 490	9, 043	−9, 345	905	−8, 921
6	64, 953	321	−45, 109	6, 710	−5, 246
7	1, 842	634	−536	24, 389	−21, 730
8	56, 034	8, 560	987	534	−13, 569
9	10, 463	54, 981	−625	5, 743	2, 805
10	679	40, 187	7, 061	356	9, 675
11	3, 015	95, 817	6, 918	3, 078	−681
12	259	872	13, 864	40, 692	6, 014
13	48, 120	1, 206	750	97, 182	34, 107
14	85, 762	3, 498	−2, 473	8, 465	483
15	981	62, 973	80, 392	831	952
計					

No.	(6)	(7)	(8)	(9)	(10)
1	¥ 980	¥ 3, 402	¥ 6, 938	¥ 56, 417	¥ 95, 378
2	67, 182	12, 346	50, 681	4, 031	−6, 150
3	53, 709	8, 253	120	374	24, 706
4	246	20, 698	−748	9, 450	569
5	75, 863	170	29, 016	48, 906	−3, 412
6	1, 840	9, 018	8, 093	785	−48, 907
7	9, 015	61, 395	−927	1, 673	−720
8	2, 693	783	71, 469	23, 018	80, 291
9	16, 054	5, 469	375	921	135
10	639	236	−2, 654	60, 849	7, 394
11	30, 418	47, 510	−14, 260	5, 207	−836
12	325	6, 807	832	896	−1, 048
13	8, 794	924	5, 104	32, 569	59, 617
14	527	74, 851	47, 853	182	2, 583
15	4, 271	579	−3, 597	7, 235	462
計					

主催　公益社団法人　全国経理教育協会　　後援　文部科学省

第８回電卓計算能力検定模擬試験

４級　除算問題　（制限時間10分）

採　点　欄

（注意）パーセントの小数第２位未満の端数が出たときは四捨五入すること。

受験番号

No.							
1		94, 424	÷	74	=	%	%
2		545, 710	÷	605	=	%	%
3		256, 377	÷	561	=	%	%
4		440, 742	÷	493	=	%	%
5		88, 550	÷	230	=	%	%
No. 1～No. 5　小　計 ①						100 %	
6		466, 281	÷	927	=	%	%
7		187, 434	÷	4, 806	=	%	%
8		287, 280	÷	378	=	%	%
9		93, 936	÷	152	=	%	%
10		197, 379	÷	819	=	%	%
No. 6～No. 10　小　計 ②						100 %	
(小計 ①＋②) 合　計							100 %
11	¥	539, 560	÷	820	=	%	%
12	¥	92, 598	÷	46	=	%	%
13	¥	321, 937	÷	791	=	%	%
14	¥	199, 386	÷	583	=	%	%
15	¥	64, 964	÷	109	=	%	%
No. 11～No. 15　小　計 ③						100 %	
16	¥	346, 920	÷	354	=	%	%
17	¥	204, 305	÷	7, 045	=	%	%
18	¥	798, 000	÷	912	=	%	%
19	¥	43, 952	÷	268	=	%	%
20	¥	465, 647	÷	637	=	%	%
No. 16～No. 20　小　計 ④						100 %	
(小計 ③＋④) 合　計							100 %

主催　公益社団法人　全国経理教育協会　　後援　文部科学省

第8回電卓計算能力検定模擬試験

4級　乗算問題（制限時間10分）

採点欄

【禁無断転載】

（注意）パーセントの小数第2位未満の端数が出たときは四捨五入すること。

受験番号

No.							
1	90,638	×	56	=		%	%
2	5,104	×	208	=		%	%
3	8,526	×	429	=		%	%
4	3,257	×	781	=		%	%
5	1,489	×	630	=		%	%
No.1～No.5　小　計 ①						100 %	
6	6,402	×	597	=		%	%
7	295	×	8,605	=		%	%
8	4,870	×	172	=		%	%
9	9,713	×	314	=		%	%
10	7,631	×	943	=		%	%
No.6～No.10　小　計 ②						100 %	
(小計 ①＋②) 合　計							100 %
11	¥ 2,187	×	409	=		%	%
12	¥ 759	×	1,237	=		%	%
13	¥ 8,016	×	893	=		%	%
14	¥ 3,420	×	548	=		%	%
15	¥ 5,394	×	706	=		%	%
No.11～No.15　小　計 ③						100 %	
16	¥ 6,071	×	264	=		%	%
17	¥ 1,968	×	375	=		%	%
18	¥ 72,503	×	82	=		%	%
19	¥ 4,632	×	910	=		%	%
20	¥ 9,845	×	651	=		%	%
No.16～No.20　小　計 ④						100 %	
(小計 ③＋④) 合　計							100 %

主催　公益社団法人　全国経理教育協会　　後援　文部科学省

第７回電卓計算能力検定模擬試験

４級　複合算問題　（制限時間10分）

採　点　欄

受験番号 ＿＿＿＿＿＿＿＿

No.	
1	(6, 897, 810 − 2, 819, 046) ÷ (5, 310 − 378) ＝
2	90, 248 × 5, 163 − 258 × 907 ＝
3	(1, 058 ＋ 4, 442) × (68, 042 ＋ 15, 958) ＝
4	(93, 721, 206 − 20, 648, 290) ÷ (3, 640 ＋ 5, 082) ＝
5	7, 239, 551 ÷ 517 ＋ 9, 273 × 640 ＝
6	3, 975 × 8, 610 − 65, 836, 512 ÷ 7, 684 ＝
7	(78, 215, 550 ÷ 163) ÷ (455, 175 ÷ 867) ＝
8	8, 039 × 5, 427 − 98, 299, 656 ÷ 3, 276 ＝
9	(84, 673 − 725) × (7, 561 − 4, 239) ＝
10	(2, 051 ＋ 6, 384) × (104 × 209) ＝
11	5, 774, 832 ÷ 674 − 19 × 105 ＝
12	(35, 504, 485 ＋ 30, 516, 428) ÷ (2, 057 ＋ 7, 384) ＝
13	4, 637 × 8, 106 ＋ 59, 186, 971 ÷ 9, 853 ＝
14	(693, 513 ÷ 921) × (745, 446 ÷ 741) ＝
15	(17, 806, 536 ＋ 47, 419, 518) ÷ (8, 957 − 203) ＝
16	(44, 303, 864 ＋ 14, 807, 562) ÷ (33, 215, 116 ÷ 5, 092) ＝
17	2, 359, 707 ÷ 359 ＋ 4, 109, 105 ÷ 821 ＝
18	(5, 264 ＋ 7, 805) ＋ 8, 573 × 6, 420 ＝
19	(11, 620, 409 ÷ 941) × (33, 253, 934 ÷ 826) ＝
20	(8, 672 − 5, 439) × (158 × 435) ＝

主催　公益社団法人　全国経理教育協会　　後援　文部科学省

第７回電卓計算能力検定模擬試験

４級　見取算問題　（制限時間10分）

採点欄

受験番号

No.	(1)	(2)	(3)	(4)	(5)
1	¥ 376	¥ 53,029	¥ 75,092	¥ 857	¥ 1,579
2	8,459	9,256	−613	5,629	76,450
3	6,714	380	986	94,015	−40,395
4	185	75,062	−46,701	10,398	89,016
5	91,803	8,764	−2,958	6,904	−5,283
6	4,790	258	−1,632	3,965	−634
7	30,568	20,815	−314	726	−867
8	281	6,749	9,140	21,873	126
9	23,849	543	−58,063	186	68,043
10	5,617	17,396	279	49,230	−721
11	423	1,694	3,427	652	982
12	937	4,907	84,205	437	97,308
13	52,046	481	60,394	7,584	3,591
14	19,502	831	−7,851	8,140	−2,457
15	7,260	32,170	578	32,071	4,102
計					

No.	(6)	(7)	(8)	(9)	(10)
1	¥ 5,809	¥ 318	¥ 8,704	¥ 5,470	¥ 981
2	3,405	64,102	378	946	35,068
3	368	1,729	50,987	20,513	−4,257
4	4,267	891	−4,256	6,359	572
5	871	47,065	215	724	29,780
6	90,254	2,476	63,029	97,185	−3,094
7	67,034	784	−7,593	4,032	−145
8	18,620	83,650	861	167	60,439
9	172	5,203	42,017	71,098	−8,314
10	792	437	1,438	8,764	−621
11	2,513	30,571	−589	285	−52,907
12	81,049	9,860	35,690	12,493	7,536
13	49,186	195	9,341	3,801	248
14	953	58,239	−672	652	96,810
15	7,539	6,942	−26,140	89,306	1,763
計					

主催　公益社団法人　全国経理教育協会　　後援　文部科学省

第７回電卓計算能力検定模擬試験

４級　除算問題　（制限時間10分）

採　点　欄

（注意）パーセントの小数第２位未満の端数が出たときは四捨五入すること。

【禁無断転載】

受験番号

No.							
1	155,105	÷	67	＝		%	%
2	433,912	÷	743	＝		%	%
3	247,038	÷	394	＝		%	%
4	84,630	÷	105	＝		%	%
5	654,910	÷	829	＝		%	%
No.1～No.5　小　計 ①						100 %	
6	67,348	÷	452	＝		%	%
7	218,538	÷	3,078	＝		%	%
8	914,880	÷	960	＝		%	%
9	103,408	÷	281	＝		%	%
10	207,432	÷	516	＝		%	%
No.6～No.10　小　計 ②						100 %	
（小計 ①＋②）合　計							100 %
11	¥ 85,683	÷	169	＝		%	%
12	¥ 173,712	÷	376	＝		%	%
13	¥ 786,324	÷	851	＝		%	%
14	¥ 93,704	÷	7,208	＝		%	%
15	¥ 443,220	÷	534	＝		%	%
No.11～No.15　小　計 ③						100 %	
16	¥ 205,910	÷	295	＝		%	%
17	¥ 408,987	÷	87	＝		%	%
18	¥ 321,468	÷	903	＝		%	%
19	¥ 502,400	÷	640	＝		%	%
20	¥ 90,228	÷	412	＝		%	%
No.16～No.20　小　計 ④						100 %	
（小計 ③＋④）合　計							100 %

主催　公益社団法人　全国経理教育協会　　後援　文部科学省

第７回電卓計算能力検定模擬試験

４級　乗算問題　（制限時間10分）

採　点　欄

（注意）パーセントの小数第２位未満の端数が出たときは四捨五入すること。

受験番号

No.							
1	874	×	9,261	=		%	%
2	3,680	×	895	=		%	%
3	6,513	×	478	=		%	%
4	5,421	×	143	=		%	%
5	2,907	×	506	=		%	%
	No.1～No.5　小　計 ①					100 %	
6	9,176	×	309	=		%	%
7	72,035	×	57	=		%	%
8	1,398	×	782	=		%	%
9	8,469	×	610	=		%	%
10	4,052	×	234	=		%	%
	No.6～No.10　小　計 ②					100 %	
	(小計 ①＋②) 合　計						100 %
11	¥ 6,023	×	947	=		%	%
12	¥ 1,984	×	315	=		%	%
13	¥ 5,679	×	692	=		%	%
14	¥ 24,108	×	71	=		%	%
15	¥ 8,537	×	820	=		%	%
	No.11～No.15　小　計 ③					100 %	
16	¥ 2,196	×	439	=		%	%
17	¥ 9,750	×	256	=		%	%
18	¥ 342	×	5,803	=		%	%
19	¥ 7,301	×	704	=		%	%
20	¥ 4,865	×	168	=		%	%
	No.16～No.20　小　計 ④					100 %	
	(小計 ③＋④) 合　計						100 %

主催　公益社団法人　全国経理教育協会　　後援　文部科学省

第6回電卓計算能力検定模擬試験

4級　複合算問題　(制限時間10分)

採点欄

受験番号

No.	
1	3,047 × 9,172 − 72,001,246 ÷ 8,971 =
2	(3,529 + 6,471) + 9,459 × 6,124 =
3	(95,163 − 749) × (9,261 − 5,356) =
4	(160,431 ÷ 159) × (2,673,327 ÷ 831) =
5	4,891 × 8,253 + 83,783,271 ÷ 5,973 =
6	(5,980 − 4,074) × (213 × 305) =
7	54,812 × 9,537 − 33,926,739 ÷ 647 =
8	3,970,716 ÷ 482 − 18 × 104 =
9	(6,134 + 2,066) × (12,492 + 62,508) =
10	(8,349,718 − 3,074,956) ÷ (6,134 − 413) =
11	(2,682 + 1,255) × (524 × 267) =
12	7,002,309 ÷ 821 + 4,893,043 ÷ 929 =
13	6,933,465 ÷ 693 + 7,526 × 548 =
14	32,754 × 7,960 − 125 × 342 =
15	(74,089,728 ÷ 108) ÷ (649,728 ÷ 752) =
16	(904,043 ÷ 749) × (301,925 ÷ 929) =
17	(82,195,925 − 30,968,167) ÷ (4,830 + 1,216) =
18	(13,406,250 + 51,106,134) ÷ (57,998,400 ÷ 7,025) =
19	(15,469,996 + 59,435,320) ÷ (3,767 + 4,530) =
20	(4,608,327 + 2,423,595) ÷ (8,692 − 230) =

主催　公益社団法人　全国経理教育協会　　後援　文部科学省

第6回電卓計算能力検定模擬試験

4級　見取算問題　（制限時間10分）

採　点　欄

【禁無断転載】

受験番号

No.	(1)	(2)	(3)	(4)	(5)
1	¥ 623	¥ 327	¥ 6,815	¥ 41,798	¥ 1,540
2	53,642	980	−721	573	−864
3	95,370	4,571	−3,712	3,462	−517
4	2,438	2,503	−160	627	−285
5	4,905	862	20,596	9,056	26,107
6	38,097	481	−42,801	35,807	−4,308
7	7,126	79,214	−9,650	471	953
8	810	85,649	97,045	7,593	−32,096
9	156	1,096	−5,389	14,286	8,327
10	40,769	135	234	2,940	−9,782
11	284	93,257	438	8,215	5,024
12	6,012	58,490	357	830	139
13	398	6,342	78,963	924	47,698
14	1,745	7,608	84,672	56,108	70,651
15	89,571	30,716	1,094	60,319	63,471
計					

No.	(6)	(7)	(8)	(9)	(10)
1	¥ 84,120	¥ 9,634	¥ 86,035	¥ 35,409	¥ 8,953
2	980	28,149	−692	614	−346
3	57,402	4,706	−40,563	59,072	−6,980
4	43,165	67,293	4,157	136	97,405
5	8,593	580	65,283	2,698	835
6	216	85,214	782	925	1,568
7	10,827	635	51,470	1,284	50,627
8	497	2,053	214	43,862	−134
9	739	872	−3,048	6,045	−29,417
10	31,705	76,908	18,967	513	3,091
11	2,358	197	7,106	8,756	62,874
12	9,064	3,521	−849	74,930	208
13	5,936	50,419	−9,520	297	−4,160
14	6,241	1,860	391	80,371	729
15	678	347	2,739	7,108	−75,312
計					

主催　公益社団法人　全国経理教育協会　　後援　文部科学省

第６回電卓計算能力検定模擬試験

４級　除算問題　（制限時間10分）

採　点　欄

（注意）パーセントの小数第２位未満の端数が出たときは四捨五入すること。

【禁無断転載】　　受験番号

No.							
1	346,674	÷	6,082	=		%	%
2	95,784	÷	156	=		%	%
3	178,560	÷	248	=		%	%
4	446,985	÷	473	=		%	%
5	577,357	÷	719	=		%	%
No.1〜No.5　小　計 ①						100 %	
6	255,000	÷	625	=		%	%
7	66,528	÷	504	=		%	%
8	345,030	÷	930	=		%	%
9	833,982	÷	87	=		%	%
10	105,179	÷	391	=		%	%
No.6〜No.10　小　計 ②						100 %	
（小計 ①＋②）合　計							100 %
11	¥ 161,660	÷	590	=		%	%
12	¥ 91,590	÷	215	=		%	%
13	¥ 163,917	÷	467	=		%	%
14	¥ 291,780	÷	36	=		%	%
15	¥ 491,337	÷	709	=		%	%
No.11〜No.15　小　計 ③						100 %	
16	¥ 461,784	÷	852	=		%	%
17	¥ 57,618	÷	3,201	=		%	%
18	¥ 153,080	÷	178	=		%	%
19	¥ 892,488	÷	984	=		%	%
20	¥ 475,177	÷	643	=		%	%
No.16〜No.20　小　計 ④						100 %	
（小計 ③＋④）合　計							100 %

主催　公益社団法人　全国経理教育協会　　後援　文部科学省

第6回電卓計算能力検定模擬試験

4級　乗算問題（制限時間10分）

採　点　欄

【禁無断転載】

（注意）パーセントの小数第2位未満の端数が出たときは四捨五入すること。

受験番号

No.							
1	895	×	2, 153	=		%	%
2	1, 360	×	679	=		%	%
3	7, 649	×	342	=		%	%
4	4, 527	×	805	=		%	%
5	2, 018	×	491	=		%	%
No. 1～No. 5　小　計 ①						100 %	
6	6, 403	×	286	=		%	%
7	8, 276	×	504	=		%	%
8	5, 381	×	730	=		%	%
9	37, 094	×	17	=		%	%
10	9, 152	×	968	=		%	%
No. 6～No. 10　小　計 ②						100 %	
(小計 ① + ②) 合　計							100 %
11	￥ 3, 028	×	261	=		%	%
12	￥ 9, 875	×	608	=		%	%
13	￥ 5, 419	×	970	=		%	%
14	￥ 43, 507	×	39	=		%	%
15	￥ 1, 692	×	514	=		%	%
No. 11～No. 15　小　計 ③						100 %	
16	￥ 7, 106	×	125	=		%	%
17	￥ 421	×	9, 032	=		%	%
18	￥ 2, 734	×	756	=		%	%
19	￥ 8, 963	×	483	=		%	%
20	￥ 6, 580	×	847	=		%	%
No. 16～No. 20　小　計 ④						100 %	
(小計 ③ + ④) 合　計							100 %

主催　公益社団法人　全国経理教育協会　　後援　文部科学省

第５回電卓計算能力検定模擬試験

４級　複合算問題　（制限時間10分）

採点欄

受験番号 ______

No.	
1	(6,547,326 − 1,530,474) ÷ (6,097 − 370) =
2	(30,289,465 + 27,641,843) ÷ (57,893,500 ÷ 6,125) =
3	(5,829 − 2,049) × (169 × 736) =
4	8,290 × 6,417 + 80,355,247 ÷ 5,273 =
5	7,703,252 ÷ 851 + 9,846 × 804 =
6	(2,438,670 + 3,568,658) ÷ (7,108 − 492) =
7	(4,156 + 3,244) × (51,752 + 13,248) =
8	(377,274 ÷ 831) × (786,721 ÷ 949) =
9	(52,047 − 590) × (8,672 − 743) =
10	(9,261 + 7,038) + 9,256 × 3,054 =
11	4,883,488 ÷ 752 − 23 × 168 =
12	(69,146,875 ÷ 125) ÷ (327,700 ÷ 452) =
13	1,403 × 9,636 − 60,325,083 ÷ 8,541 =
14	(3,107 + 2,043) × (405 × 327) =
15	96,714 × 9,025 − 341 × 389 =
16	86,743 × 4,526 − 12,331,109 ÷ 587 =
17	1,022,369 ÷ 617 + 4,008,465 ÷ 951 =
18	(24,763,158 + 52,970,702) ÷ (2,538 + 6,890) =
19	(355,641 ÷ 829) × (85,814,014 ÷ 286) =
20	(74,065,452 − 42,837,600) ÷ (1,374 + 2,085) =

主催　公益社団法人　全国経理教育協会　　後援　文部科学省

第５回電卓計算能力検定模擬試験

４級　見取算問題　（制限時間10分）

採　点　欄

【禁無断転載】

受験番号

No.	(1)	(2)	(3)	(4)	(5)
1	¥ 7, 490	¥ 327	¥ 285	¥ 913	¥ 36, 195
2	2, 605	1, 483	53, 817	20, 759	−5, 943
3	839	18, 290	−9, 182	4, 630	234
4	413	9, 731	1, 439	671	310
5	58, 321	846	−34, 758	5, 486	93, 651
6	75, 986	635	−12, 063	148	−20, 587
7	9, 054	6, 179	−492	61, 479	−726
8	571	80, 912	40, 826	3, 267	−4, 760
9	1, 047	42, 065	−6, 290	892	8, 301
10	80, 692	3, 054	361	7, 024	−894
11	368	568	−570	86, 105	1, 852
12	153	5, 782	7, 946	235	579
13	43, 287	27, 496	−8, 715	9, 084	62, 407
14	94, 126	74, 103	603	12, 350	7, 082
15	6, 702	950	95, 074	78, 593	−19, 648
計					

No.	(6)	(7)	(8)	(9)	(10)
1	¥ 296	¥ 315	¥ 3, 612	¥ 9, 674	¥ 6, 509
2	714	81, 763	−194	547	276
3	58, 941	5, 207	76, 023	26, 083	85, 743
4	820	426	−2, 475	3, 890	−1, 632
5	10, 459	10, 934	530	281	460
6	2, 678	2, 571	17, 248	45, 109	37, 658
7	9, 671	649	−4, 092	7, 056	−8, 974
8	6, 293	9, 037	−850	52, 964	23, 168
9	41, 503	73, 640	69, 381	319	−597
10	3, 580	853	5, 703	1, 475	−4, 029
11	132	38, 296	986	632	−941
12	7, 069	6, 528	−30, 867	80, 257	52, 380
13	65, 734	150	419	4, 918	9, 201
14	84, 027	97, 804	8, 725	723	135
15	385	4, 189	91, 654	68, 301	−70, 814
計					

主催　公益社団法人　全国経理教育協会　　後援　文部科学省

第５回電卓計算能力検定模擬試験

４級　除算問題　（制限時間10分）

採点欄

（注意）パーセントの小数第２位未満の端数が出たときは四捨五入すること。

受験番号

No.							
1	98,518	÷	62	=		%	%
2	84,108	÷	258	=		%	%
3	163,438	÷	391	=		%	%
4	357,827	÷	509	=		%	%
5	792,420	÷	843	=		%	%
No.1～No.5　小計 ①						100 %	
6	218,295	÷	735	=		%	%
7	373,285	÷	617	=		%	%
8	409,836	÷	476	=		%	%
9	86,688	÷	1,204	=		%	%
10	523,320	÷	980	=		%	%
No.6～No.10　小計 ②						100 %	
（小計 ①＋②）合計							100 %
11	¥ 312,660	÷	810	=		%	%
12	¥ 80,997	÷	4,263	=		%	%
13	¥ 518,000	÷	592	=		%	%
14	¥ 161,458	÷	179	=		%	%
15	¥ 233,784	÷	306	=		%	%
No.11～No.15　小計 ③						100 %	
16	¥ 98,087	÷	407	=		%	%
17	¥ 520,443	÷	751	=		%	%
18	¥ 295,260	÷	95	=		%	%
19	¥ 307,800	÷	684	=		%	%
20	¥ 125,426	÷	238	=		%	%
No.16～No.20　小計 ④						100 %	
（小計 ③＋④）合計							100 %

主催　公益社団法人　全国経理教育協会　　後援　文部科学省

第５回電卓計算能力検定模擬試験

４級　乗算問題　（制限時間10分）

採点欄

（注意）パーセントの小数第２位未満の端数が出たときは四捨五入すること。

受験番号

No.							
1	48, 207	×	86	=		%	%
2	5, 931	×	439	=		%	%
3	2, 645	×	723	=		%	%
4	9, 783	×	640	=		%	%
5	6, 019	×	158	=		%	%
No. 1〜No. 5　小　計 ①						100 %	
6	7, 590	×	894	=		%	%
7	1, 408	×	517	=		%	%
8	8, 354	×	962	=		%	%
9	612	×	2, 705	=		%	%
10	3, 276	×	301	=		%	%
No. 6〜No. 10　小　計 ②						100 %	
(小計 ① + ②) 合　計							100 %
11	¥ 8, 592	×	625	=		%	%
12	¥ 4, 650	×	314	=		%	%
13	¥ 9, 421	×	479	=		%	%
14	¥ 378	×	1, 857	=		%	%
15	¥ 7, 103	×	906	=		%	%
No. 11〜No. 15　小　計 ③						100 %	
16	¥ 2, 435	×	293	=		%	%
17	¥ 1, 369	×	760	=		%	%
18	¥ 70, 916	×	38	=		%	%
19	¥ 6, 804	×	502	=		%	%
20	¥ 5, 287	×	841	=		%	%
No. 16〜No. 20　小　計 ④						100 %	
(小計 ③ + ④) 合　計							100 %

主催　公益社団法人　全国経理教育協会　　後援　文部科学省

第４回電卓計算能力検定模擬試験

４級　複合算問題　（制限時間10分）

採点欄

受験番号＿＿＿＿＿＿＿＿

No.	
1	8, 264 × 3, 790 ＋ 37, 139, 775 ÷ 7, 391 ＝
2	(2, 408 ＋ 4, 092) × (56, 937 ＋ 27, 863) ＝
3	5, 774, 227 ÷ 953 － 13 × 149 ＝
4	(10, 643 － 2, 895) × (9, 261 － 506) ＝
5	(3, 075 ＋ 6, 194) × (253 × 186) ＝
6	3, 129 × 9, 071 － 87, 637, 941 ÷ 6, 987 ＝
7	(6, 017, 952 ＋ 2, 674, 186) ÷ (28, 797, 210 ÷ 6, 795) ＝
8	7, 343, 688 ÷ 132 ＋ 18, 626, 468 ÷ 791 ＝
9	(4, 527 ＋ 8, 068) ＋ 7, 538 × 9, 214 ＝
10	(832, 071 ÷ 389) × (79, 612, 292 ÷ 934) ＝
11	(92, 174, 760 ÷ 135) ÷ (674, 946 ÷ 862) ＝
12	(9, 605, 866 － 5, 027, 114) ÷ (5, 197 － 263) ＝
13	(2, 536, 479 ＋ 4, 303, 623) ÷ (8, 472 － 358) ＝
14	4, 386, 200 ÷ 728 ＋ 6, 315 × 807 ＝
15	(77, 560, 143 － 29, 516, 703) ÷ (1, 320 ＋ 4, 975) ＝
16	(13, 896, 922 ＋ 58, 372, 106) ÷ (4, 532 ＋ 3, 450) ＝
17	(580, 146 ÷ 727) × (979, 274 ÷ 659) ＝
18	39, 564 × 8, 720 － 41, 298, 056 ÷ 412 ＝
19	(6, 071 － 4, 829) × (289 × 508) ＝
20	87, 495 × 6, 937 － 394 × 1, 580 ＝

主催　公益社団法人　全国経理教育協会　　後援　文部科学省

第４回電卓計算能力検定模擬試験

４級　見取算問題　（制限時間10分）

採　点　欄

受験番号

No.	（１）	（２）	（３）	（４）	（５）
1	¥ 2, 653	¥ 45, 930	¥ 90, 128	¥ 493	¥ 97, 481
2	107	489	769	16, 758	−13, 048
3	492	3, 675	4, 853	3, 172	1, 052
4	5, 082	649	6, 351	54, 021	206
5	84, 271	128	29, 648	8, 970	−376
6	314	9, 061	−985	45, 018	32, 460
7	19, 703	68, 507	−5, 276	630	−4, 561
8	8, 536	897	1, 506	7, 842	−6, 890
9	945	2, 736	−37, 640	2, 593	70, 842
10	61, 829	56, 204	493	124	5, 193
11	7, 538	24, 913	−207	356	617
12	40, 167	7, 852	180	734	29, 534
13	3, 780	1, 370	53, 092	61, 289	8, 735
14	96, 025	315	72, 431	80, 967	−729
15	649	80, 124	8, 714	9, 605	−985
計					

No.	（６）	（７）	（８）	（９）	（10）
1	¥ 67, 429	¥ 98, 431	¥ 80, 297	¥ 218	¥ 546
2	40, 215	7, 605	18, 470	56, 842	23, 457
3	649	258	3, 542	9, 403	7, 314
4	75, 983	64, 079	−653	836	−120
5	9, 076	5, 192	415	17, 059	−31, 685
6	3, 182	415	6, 104	8, 967	−6, 034
7	521	3, 580	328	63, 294	90, 142
8	796	86, 197	−42, 065	543	268
9	2, 310	652	7, 931	4, 190	−5, 927
10	36, 051	42, 310	276	738	−893
11	1, 278	9, 067	94, 650	30, 872	18, 739
12	965	843	−861	2, 516	−4, 051
13	804	20, 378	−1, 309	601	796
14	8, 430	724	29, 738	1, 475	9, 508
15	54, 387	1, 936	−5, 987	75, 029	82, 670
計					

主催　公益社団法人　全国経理教育協会　　後援　文部科学省

第４回電卓計算能力検定模擬試験

４級　除算問題　(制限時間10分)

採　点　欄

【禁無断転載】

(注意) パーセントの小数第２位未満の端数が出たときは四捨五入すること。

受験番号

No.							
1	143, 412	÷	68	=		%	%
2	348, 940	÷	730	=		%	%
3	250, 369	÷	329	=		%	%
4	91, 525	÷	175	=		%	%
5	751, 740	÷	804	=		%	%
	No. 1～No. 5　小　計 ①					100 %	
6	97, 226	÷	281	=		%	%
7	351, 378	÷	6, 507	=		%	%
8	176, 341	÷	943	=		%	%
9	250, 432	÷	416	=		%	%
10	526, 880	÷	592	=		%	%
	No. 6～No. 10　小　計 ②					100 %	
	(小計 ① ＋ ②) 合　計						100 %
11	¥ 81, 003	÷	201	=		%	%
12	¥ 615, 000	÷	625	=		%	%
13	¥ 524, 484	÷	857	=		%	%
14	¥ 715, 977	÷	9, 063	=		%	%
15	¥ 174, 300	÷	498	=		%	%
	No. 11～No. 15　小　計 ③					100 %	
16	¥ 98, 412	÷	139	=		%	%
17	¥ 125, 970	÷	510	=		%	%
18	¥ 71, 190	÷	42	=		%	%
19	¥ 308, 924	÷	374	=		%	%
20	¥ 417, 366	÷	786	=		%	%
	No. 16～No. 20　小　計 ④					100 %	
	(小計 ③ ＋ ④) 合　計						100 %

主催　公益社団法人　全国経理教育協会　　後援　文部科学省

第４回電卓計算能力検定模擬試験

４級　乗算問題　(制限時間10分)

採点欄

【禁無断転載】

(注意) パーセントの小数第２位未満の端数が出たときは四捨五入すること。

受験番号

No.	問題							
1		627	×	8,013	=		%	%
2		5,780	×	152	=		%	%
3		2,916	×	564	=		%	%
4		3,541	×	928	=		%	%
5		8,409	×	736	=		%	%
No.1～No.5　小　計 ①							100 %	
6		1,374	×	690	=		%	%
7		6,105	×	345	=		%	%
8		90,258	×	89	=		%	%
9		4,382	×	207	=		%	%
10		7,963	×	471	=		%	%
No.6～No.10　小　計 ②							100 %	
(小計 ①＋②) 合　計								100 %
11	¥	4,920	×	814	=		%	%
12	¥	1,853	×	978	=		%	%
13	¥	8,297	×	503	=		%	%
14	¥	36,048	×	25	=		%	%
15	¥	9,561	×	326	=		%	%
No.11～No.15　小　計 ③							100 %	
16	¥	2,306	×	402	=		%	%
17	¥	7,084	×	149	=		%	%
18	¥	542	×	9,351	=		%	%
19	¥	3,175	×	760	=		%	%
20	¥	6,719	×	687	=		%	%
No.16～No.20　小　計 ④							100 %	
(小計 ③＋④) 合　計								100 %

主催　公益社団法人　全国経理教育協会　　後援　文部科学省

第３回電卓計算能力検定模擬試験

４級　複合算問題　（制限時間10分）

採　点　欄

受験番号

No.	
1	(12, 463, 785 − 5, 610, 429) ÷ (8, 695 − 507) =
2	(9, 943, 479 + 3, 429, 756) ÷ (60, 091, 410 ÷ 7, 158) =
3	(8, 467 − 7, 569) × (927 × 416) =
4	(1, 259 + 7, 386) + 2, 053 × 6, 427 =
5	3, 067, 056 ÷ 944 + 4, 051 × 196 =
6	(4, 068, 740 + 2, 094, 712) ÷ (7, 204 − 490) =
7	(1, 578 + 5, 222) × (55, 136 + 19, 364) =
8	(573, 631 ÷ 823) × (898, 668 ÷ 942) =
9	6, 557, 121 ÷ 867 − 16 × 235 =
10	6, 083 × 6, 301 + 62, 784, 002 ÷ 8, 329 =
11	(7, 964 − 2, 108) × (9, 243 − 1, 569) =
12	(91, 482, 930 ÷ 315) ÷ (234, 241 ÷ 763) =
13	3, 064 × 9, 357 − 70, 087, 525 ÷ 5, 381 =
14	(2, 465 + 4, 080) × (324 × 205) =
15	54, 632 × 4, 180 − 287 × 3, 052 =
16	82, 763 × 6, 495 − 33, 271, 578 ÷ 831 =
17	(3, 791, 008 ÷ 701) × (50, 066, 149 ÷ 623) =
18	(40, 736, 866 + 17, 865, 908) ÷ (4, 290 + 3, 428) =
19	2, 941, 127 ÷ 193 + 43, 891, 632 ÷ 954 =
20	(73, 783, 162 − 23, 336, 064) ÷ (1, 469 + 4, 160) =

主催　公益社団法人　全国経理教育協会　　後援　文部科学省

第3回電卓計算能力検定模擬試験

４　級　　見取算問題　（制限時間10分）

採　点　欄

受験番号

No.	(1)	(2)	(3)	(4)	(5)
1	¥ 6, 591	¥ 264	¥ 269	¥ 4, 365	¥ 49, 653
2	612	854	89, 320	68, 237	−20, 396
3	768	9, 135	−3, 954	190	485
4	59, 087	981	−658	852	91, 026
5	98, 406	672	507	30, 249	−927
6	814	2, 579	−40, 238	83, 417	−164
7	5, 649	37, 018	−5, 326	604	−371
8	80, 173	86, 907	71, 096	1, 396	7, 518
9	4, 530	4, 132	−14, 603	2, 803	13, 605
10	926	729	2, 814	768	−5, 270
11	2, 831	68, 205	−712	9, 510	537
12	73, 250	50, 417	479	475	34, 809
13	1, 742	5, 643	−8, 547	26, 781	6, 198
14	37, 025	1, 380	97, 081	97, 051	−8, 742
15	394	73, 096	6, 135	5, 924	2, 840
計					

No.	(6)	(7)	(8)	(9)	(10)
1	¥ 70, 243	¥ 10, 269	¥ 512	¥ 786	¥ 312
2	87, 506	380	10, 986	5, 127	−9, 458
3	485	2, 915	−7, 420	69, 450	13, 806
4	69, 840	53, 827	85, 367	239	−743
5	761	403	901	7, 512	−6, 297
6	2, 197	7, 091	8, 054	96, 108	34, 569
7	4, 173	85, 734	−24, 873	623	170
8	1, 354	9, 652	−369	82, 714	−40, 928
9	3, 908	124	6, 195	4, 095	−8, 201
10	5, 430	68, 495	53, 076	987	−586
11	26, 019	4, 760	−432	20, 653	95, 037
12	521	817	−9, 258	3, 470	2, 765
13	652	31, 942	147	861	694
14	928	506	31, 789	1, 349	7, 810
15	98, 736	6, 378	2, 604	48, 035	51, 423
計					

主催　公益社団法人　全国経理教育協会　　後援　文部科学省

第３回電卓計算能力検定模擬試験

４級　除算問題　（制限時間10分）

採　点　欄

（注意）パーセントの小数第２位未満の端数が出たときは四捨五入すること。

受験番号

No.	問題					
1	97, 621	÷	41	＝	%	%
2	87, 669	÷	573	＝	%	%
3	149, 940	÷	315	＝	%	%
4	374, 220	÷	630	＝	%	%
5	504, 861	÷	829	＝	%	%
	No. 1～No. 5　小　計 ①				100 %	
6	352, 870	÷	497	＝	%	%
7	266, 056	÷	9, 502	＝	%	%
8	85, 542	÷	106	＝	%	%
9	92, 460	÷	268	＝	%	%
10	754, 208	÷	784	＝	%	%
	No. 6～No. 10　小　計 ②				100 %	
	(小計 ①＋②) 合　計					100 %
11	¥ 815, 240	÷	890	＝	%	%
12	¥ 126, 504	÷	251	＝	%	%
13	¥ 425, 726	÷	647	＝	%	%
14	¥ 581, 996	÷	7, 012	＝	%	%
15	¥ 292, 248	÷	369	＝	%	%
	No. 11～No. 15　小　計 ③				100 %	
16	¥ 357, 000	÷	408	＝	%	%
17	¥ 99, 051	÷	723	＝	%	%
18	¥ 165, 294	÷	54	＝	%	%
19	¥ 46, 314	÷	186	＝	%	%
20	¥ 392, 700	÷	935	＝	%	%
	No. 16～No. 20　小　計 ④				100 %	
	(小計 ③＋④) 合　計					100 %

主催　公益社団法人　全国経理教育協会　　後援　文部科学省

第３回電卓計算能力検定模擬試験

４級　乗算問題　(制限時間10分)

採点欄

(注意) パーセントの小数第２位未満の端数が出たときは四捨五入すること。

受験番号

No.						
1	745	×	1, 305	=	%	%
2	8, 102	×	974	=	%	%
3	2, 817	×	568	=	%	%
4	4, 356	×	640	=	%	%
5	6, 039	×	823	=	%	%
	No. 1～No. 5　小計 ①				100 %	
6	9, 584	×	709	=	%	%
7	3, 620	×	257	=	%	%
8	49, 073	×	86	=	%	%
9	1, 798	×	391	=	%	%
10	5, 261	×	412	=	%	%
	No. 6～No. 10　小計 ②				100 %	
	(小計 ①＋②) 合計					100 %
11	¥ 5, 019	×	783	=	%	%
12	¥ 3, 527	×	542	=	%	%
13	¥ 6, 743	×	910	=	%	%
14	¥ 79, 408	×	31	=	%	%
15	¥ 1, 264	×	625	=	%	%
	No. 11～No. 15　小計 ③				100 %	
16	¥ 9, 306	×	207	=	%	%
17	¥ 681	×	5, 738	=	%	%
18	¥ 2, 170	×	469	=	%	%
19	¥ 4, 895	×	194	=	%	%
20	¥ 8, 532	×	806	=	%	%
	No. 16～No. 20　小計 ④				100 %	
	(小計 ③＋④) 合計					100 %

主催　公益社団法人　全国経理教育協会　　後援　文部科学省

第２回電卓計算能力検定模擬試験

４級　複合算問題　(制限時間10分)

採　点　欄

受験番号

No.	
1	(2, 538 ＋ 5, 416) ＋ 7, 359 × 9, 145 ＝
2	(9, 276 ＋ 1, 259) × (171 × 308) ＝
3	(9, 469 － 2, 134) × (9, 004 － 4, 673) ＝
4	(3, 859, 142 ÷ 742) × (25, 780, 308 ÷ 859) ＝
5	(5, 603 ＋ 2, 597) × (17, 514 ＋ 45, 986) ＝
6	3, 071 × 9, 213 － 94, 099, 642 ÷ 9, 841 ＝
7	(2, 046, 536 ＋ 3, 263, 180) ÷ (8, 130 － 457) ＝
8	6, 038, 787 ÷ 103 － 33 × 261 ＝
9	4, 317 × 8, 524 ＋ 41, 217, 987 ÷ 5, 869 ＝
10	(13, 427, 893 － 8, 685, 169) ÷ (5, 862 － 690) ＝
11	(86, 456, 700 ÷ 142) ÷ (500, 775 ÷ 607) ＝
12	4, 137, 111 ÷ 957 ＋ 3, 027, 094 ÷ 934 ＝
13	(5, 298, 104 ＋ 2, 478, 896) ÷ (73, 390, 625 ÷ 7, 625) ＝
14	4, 193, 598 ÷ 681 ＋ 6, 427 × 386 ＝
15	(25, 873, 603 ＋ 64, 354, 241) ÷ (3, 960 ＋ 7, 254) ＝
16	(79, 670, 179 － 41, 782, 360) ÷ (2, 673 ＋ 1, 480) ＝
17	(6, 024 － 3, 158) × (816 × 203) ＝
18	76, 810 × 5, 928 － 10, 948, 136 ÷ 5, 372 ＝
19	(160, 925 ÷ 785) × (672, 568 ÷ 892) ＝
20	8, 635 × 4, 059 － 459 × 1, 838 ＝

主催　公益社団法人　全国経理教育協会　　後援　文部科学省

第２回電卓計算能力検定模擬試験

４級　見取算問題　（制限時間10分）

採点欄

受験番号

No.	(1)	(2)	(3)	(4)	(5)
1	¥ 7, 395	¥ 19, 427	¥ 40, 761	¥ 250	¥ 53, 408
2	20, 458	20, 589	−23, 675	936	−2, 837
3	85, 024	4, 735	−8, 903	76, 089	279
4	513	154	9, 710	5, 421	184
5	162	92, 804	−134	68, 102	41, 052
6	69, 745	8, 407	−458	9, 407	70, 154
7	3, 906	5, 641	−7, 802	37, 562	−15, 897
8	781	265	382	1, 875	−6, 793
9	1, 876	398	52, 617	2, 693	328
10	92, 430	67, 123	1, 945	784	−961
11	210	6, 390	−35, 048	358	37, 642
12	58, 941	960	860	80, 917	−516
13	807	71, 032	−6, 129	13, 294	4, 209
14	4, 637	3, 518	94, 276	641	−8, 630
15	6, 329	876	593	4, 530	9, 065
計					

No.	(6)	(7)	(8)	(9)	(10)
1	¥ 6, 095	¥ 6, 783	¥ 54, 012	¥ 36, 052	¥ 75, 620
2	9, 823	470	841	8, 123	−1, 354
3	946	12, 058	3, 264	265	407
4	2, 931	8, 641	16, 830	67, 314	−30, 195
5	587	567	9, 527	1, 038	−6, 871
6	80, 375	30, 125	478	702	−936
7	78, 614	7, 239	−20, 915	93, 875	29, 548
8	43, 291	803	5, 392	5, 490	−4, 629
9	459	43, 216	708	954	−890
10	268	9, 874	42, 983	80, 641	52, 467
11	1, 704	681	−8, 679	2, 796	3, 508
12	5, 620	1, 792	−390	79, 408	97, 213
13	34, 172	25, 940	61, 734	521	732
14	350	539	−7, 605	4, 187	8, 061
15	67, 108	54, 906	−156	639	184
計					

主催　公益社団法人　全国経理教育協会　　後援　文部科学省

第２回電卓計算能力検定模擬試験

４級　除算問題　(制限時間10分)

採点欄

(注意) パーセントの小数第２位未満の端数が出たときは四捨五入すること。

受験番号

No.	問題						
1	85,725	÷	45	=		%	%
2	427,734	÷	801	=		%	%
3	329,954	÷	914	=		%	%
4	577,246	÷	698	=		%	%
5	175,380	÷	237	=		%	%
	No.1～No.5　小計 ①					100 %	
6	399,840	÷	420	=		%	%
7	165,597	÷	573	=		%	%
8	266,684	÷	3,509	=		%	%
9	97,686	÷	162	=		%	%
10	328,548	÷	786	=		%	%
	No.6～No.10　小計 ②					100 %	
	(小計 ①＋②) 合計						100 %
11	¥ 73,632	÷	708	=		%	%
12	¥ 92,880	÷	215	=		%	%
13	¥ 402,471	÷	681	=		%	%
14	¥ 592,578	÷	9,406	=		%	%
15	¥ 281,880	÷	324	=		%	%
	No.11～No.15　小計 ③					100 %	
16	¥ 295,000	÷	472	=		%	%
17	¥ 55,491	÷	159	=		%	%
18	¥ 173,221	÷	83	=		%	%
19	¥ 851,880	÷	930	=		%	%
20	¥ 429,786	÷	567	=		%	%
	No.16～No.20　小計 ④					100 %	
	(小計 ③＋④) 合計						100 %

主催　公益社団法人　全国経理教育協会　　後援　文部科学省

第２回電卓計算能力検定模擬試験

４級　乗算問題 （制限時間10分）

採点欄

（注意）パーセントの小数第２位未満の端数が出たときは四捨五入すること。

受験番号

No.							
1	23,017	×	95	=		%	%
2	6,840	×	831	=		%	%
3	3,794	×	429	=		%	%
4	1,253	×	706	=		%	%
5	8,569	×	518	=		%	%
	No.1～No.5　小　計 ①					100 %	
6	2,481	×	390	=		%	%
7	9,032	×	672	=		%	%
8	5,608	×	287	=		%	%
9	715	×	5,403	=		%	%
10	4,976	×	164	=		%	%
	No.6～No.10　小　計 ②					100 %	
	(小計 ①＋②) 合　計						100 %
11	¥ 1,502	×	601	=		%	%
12	¥ 875	×	9,456	=		%	%
13	¥ 6,247	×	738	=		%	%
14	¥ 3,489	×	520	=		%	%
15	¥ 2,063	×	479	=		%	%
	No.11～No.15　小　計 ③					100 %	
16	¥ 69,104	×	32	=		%	%
17	¥ 7,836	×	213	=		%	%
18	¥ 4,598	×	805	=		%	%
19	¥ 5,321	×	184	=		%	%
20	¥ 9,170	×	967	=		%	%
	No.16～No.20　小　計 ④					100 %	
	(小計 ③＋④) 合　計						100 %

主催　公益社団法人　全国経理教育協会　　後援　文部科学省

第１回電卓計算能力検定模擬試験

４級　複合算問題　(制限時間10分)

採点欄

受験番号

No.	
1	8, 162, 823 ÷ 921 − 21 × 309 =
2	(4, 018, 320 + 1, 339, 548) ÷ (16, 683, 252 ÷ 2, 846) =
3	(9, 248 + 3, 071) + 8, 234 × 2, 056 =
4	(156, 681 ÷ 829) × (549, 471 ÷ 579) =
5	(2, 087, 635 + 3, 887, 949) ÷ (8, 309 − 190) =
6	9, 147 × 7, 960 − 525 × 6, 035 =
7	(3, 725 + 5, 980) × (126 × 637) =
8	(61, 239, 486 ÷ 427) ÷ (212, 790 ÷ 865) =
9	3, 780, 962 ÷ 893 + 3, 704, 778 ÷ 567 =
10	(7, 963 − 6, 105) × (967 × 204) =
11	(10, 245, 316 − 5, 282, 022) ÷ (6, 270 − 712) =
12	6, 087 × 8, 146 + 38, 014, 298 ÷ 9, 461 =
13	(52, 666, 030 + 21, 507, 843) ÷ (7, 027 + 4, 132) =
14	(4, 652 + 7, 348) × (49, 582 + 30, 918) =
15	5, 445, 432 ÷ 636 + 4, 617 × 984 =
16	78, 659 × 4, 035 − 73, 758, 573 ÷ 7, 641 =
17	(6, 656, 544 ÷ 696) × (56, 776, 144 ÷ 943) =
18	(84, 914, 089 − 13, 689, 574) ÷ (6, 785 + 1, 450) =
19	(5, 371 − 2, 064) × (9, 628 − 4, 058) =
20	2, 784 × 9, 302 − 53, 516, 286 ÷ 7, 643 =

主催　公益社団法人　全国経理教育協会　　後援　文部科学省

第1回電卓計算能力検定模擬試験

4級　見取算問題　（制限時間10分）

採点欄

【禁無断転載】

受験番号

No.	(1)	(2)	(3)	(4)	(5)
1	¥ 398	¥ 6, 305	¥ 50, 136	¥ 80, 365	¥ 96, 851
2	4, 672	128	−609	562	−602
3	9, 051	31, 594	36, 914	6, 104	−914
4	724	5, 762	8, 952	3, 746	178
5	80, 416	943	−2, 871	289	15, 243
6	6, 859	20, 635	−387	985	−4, 108
7	15, 028	4, 036	−87, 140	75, 094	−8, 530
8	247	719	239	8, 607	3, 520
9	92, 460	87, 269	−5, 412	27, 051	387
10	7, 103	9, 074	43, 078	1, 643	−7, 049
11	539	801	−465	92, 831	2, 435
12	675	581	9, 563	59, 120	867
13	58, 314	78, 450	−1, 208	718	40, 926
14	21, 983	13, 892	790	493	−59, 276
15	3, 706	2, 647	64, 527	4, 372	61, 793
計					

No.	(6)	(7)	(8)	(9)	(10)
1	¥ 5, 132	¥ 9, 130	¥ 85, 134	¥ 748	¥ 374
2	2, 836	826	602	49, 583	58, 160
3	561	18, 439	−2, 459	5, 360	−4, 783
4	8, 057	7, 014	6, 247	105	657
5	291	583	109	90, 726	−23, 491
6	43, 927	85, 069	17, 925	1, 872	−7, 210
7	30, 615	4, 382	3, 017	613	−509
8	69, 784	295	−896	76, 981	82, 037
9	790	51, 608	58, 341	2, 547	−6, 154
10	408	6, 791	−4, 950	409	−846
11	7, 045	176	−538	67, 028	95, 302
12	96, 578	20, 457	20, 764	3, 214	1, 923
13	14, 829	3, 240	9, 823	951	495
14	342	974	376	34, 695	70, 816
15	1, 603	62, 753	−71, 680	8, 032	9, 268
計					

主催　公益社団法人　全国経理教育協会　　後援　文部科学省

第１回電卓計算能力検定模擬試験

４級　除算問題　(制限時間10分)

採点欄

(注意) パーセントの小数第２位未満の端数が出たときは四捨五入すること。

受験番号

No.	問題		
1	101, 024 ÷ 56 =	%	%
2	194, 560 ÷ 380 =	%	%
3	299, 892 ÷ 402 =	%	%
4	883, 071 ÷ 917 =	%	%
5	94, 575 ÷ 291 =	%	%
	No. 1～No. 5　小計 ①	100 %	
6	175, 212 ÷ 628 =	%	%
7	258, 300 ÷ 574 =	%	%
8	86, 944 ÷ 143 =	%	%
9	682, 783 ÷ 7, 039 =	%	%
10	718, 815 ÷ 865 =	%	%
	No. 6～No. 10　小計 ②	100 %	
	(小計 ①＋②) 合計		100 %
11	¥ 746, 781 ÷ 827 =	%	%
12	¥ 251, 829 ÷ 3, 109 =	%	%
13	¥ 501, 804 ÷ 954 =	%	%
14	¥ 61, 774 ÷ 461 =	%	%
15	¥ 174, 570 ÷ 230 =	%	%
	No. 11～No. 15　小計 ③	100 %	
16	¥ 96, 720 ÷ 48 =	%	%
17	¥ 428, 582 ÷ 506 =	%	%
18	¥ 340, 956 ÷ 693 =	%	%
19	¥ 63, 296 ÷ 172 =	%	%
20	¥ 525, 950 ÷ 785 =	%	%
	No. 16～No. 20　小計 ④	100 %	
	(小計 ③＋④) 合計		100 %

主催　公益社団法人　全国経理教育協会　　後援　文部科学省

第１回電卓計算能力検定模擬試験

４級　乗算問題　（制限時間10分）

採点欄

【禁無断転載】

（注意）パーセントの小数第２位未満の端数が出たときは四捨五入すること。

受験番号

No.							
1	93,025	×	42	=		%	%
2	6,840	×	897	=		%	%
3	7,538	×	673	=		%	%
4	4,159	×	508	=		%	%
5	2,716	×	351	=		%	%
	No.1～No.5　小　計 ①					100 %	
6	9,241	×	280	=		%	%
7	5,607	×	914	=		%	%
8	1,094	×	739	=		%	%
9	863	×	1,206	=		%	%
10	3,872	×	465	=		%	%
	No.6～No.10　小　計 ②					100 %	
	(小計 ①＋②) 合　計						100 %
11	¥ 7,804	×	852	=		%	%
12	¥ 8,236	×	364	=		%	%
13	¥ 6,947	×	519	=		%	%
14	¥ 3,950	×	193	=		%	%
15	¥ 218	×	4,076	=		%	%
	No.11～No.15　小　計 ③					100 %	
16	¥ 20,581	×	87	=		%	%
17	¥ 1,469	×	630	=		%	%
18	¥ 5,703	×	245	=		%	%
19	¥ 4,375	×	728	=		%	%
20	¥ 9,612	×	901	=		%	%
	No.16～No.20　小　計 ④					100 %	
	(小計 ③＋④) 合　計						100 %

EIKOSHA